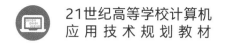

21世纪高等学校计算机
应用技术规划教材

Python
程序设计语言项目化教程

◎ 张长海 赵海霞 崔娟 李能能 张卫荣 编著

清华大学出版社
北京

内 容 简 介

本书以Python语言为主线,主要讲解Python语言的基础知识以及使用Python语言编写程序的方法,采用"项目分析—知识加油站—项目实现—项目总结—拓展训练"的项目式结构体系。本书包括8个由易到难的独立项目和一个综合实训项目,每个项目按照项目式结构对内容进行组织,其中"项目分析"又分为"项目描述""项目目标"和"项目难点";"知识加油站"主要讲解本项目所用到的理论知识;"项目实现"包括本项目的实现代码和结果截图;"拓展训练"让读者自己做一个类似的项目,达到活学活用、学以致用的目的。

本书主要面向高职高专或中职中专院校相关专业的学生,既可以作为高职高专或中职中专院校相关专业学生学习Python语言的教材,也可以作为零基础的社会人士学习Python语言的参考书籍。

本书封面贴有清华大学出版社防伪标签,无标签者不得销售。
版权所有,侵权必究。举报:010-62782989,beiqinquan@tup.tsinghua.edu.cn。

图书在版编目(CIP)数据

Python程序设计语言项目化教程/张长海等编著.—北京:清华大学出版社,2021.1(2023.1重印)
21世纪高等学校计算机应用技术规划教材
ISBN 978-7-302-56608-3

Ⅰ.①P… Ⅱ.①张… Ⅲ.①软件工具—程序设计—高等学校—教材 Ⅳ.①TP311.561

中国版本图书馆CIP数据核字(2020)第192652号

责任编辑:王 芳
封面设计:刘 键
责任校对:胡伟民
责任印制:宋 林

出版发行:清华大学出版社
网　　址:http://www.tup.com.cn, http://www.wqbook.com
地　　址:北京清华大学学研大厦A座　　邮　编:100084
社 总 机:010-83470000　　邮　购:010-62786544
投稿与读者服务:010-62776969, c-service@tup.tsinghua.edu.cn
质量反馈:010-62772015, zhiliang@tup.tsinghua.edu.cn
课件下载:http://www.tup.com.cn, 010-83470236
印 装 者:三河市君旺印务有限公司
经　　销:全国新华书店
开　　本:185mm×260mm　　印　张:13　　字　数:328千字
版　　次:2021年1月第1版　　印　次:2023年1月第6次印刷
印　　数:5501~7500
定　　价:49.00元

产品编号:089662-01

前 言

随着大数据技术和人工智能技术的飞速发展,大数据和人工智能已经渗透到社会生活和生产的各个领域,已成为我们日常生活不可或缺的一部分,被广泛地应用到实际生活和工作中。Python 语言作为一门程序设计语言,既具有简单易学、免费开源的特性,又具有面向对象、可移植、可扩展性和丰富的库的优势成为了大数据和人工智能的主要开发语言。

据一项民意调查显示,超过 57%的大数据和人工智能的开发人员更愿意选择 Python 语言。Python 应用无处不在:后端开发、前端开发、爬虫开发、人工智能、金融量化分析、大数据、物联网等,已经成为 2020 年最受工程师欢迎的编程语言,当前 Python 应用开发技术在各公司都有大规模使用,Python 的发展前景不可估量。

作者为了适应高职高专课程建设、课程改革、教学改革而编写了本书,本书是高校一线教师与企业软件工程师合作的结晶,也是一本校企合作的"工学结合"、基于工作过程、项目教学与任务驱动结合的教材。

本书内容的选取符合高职高专学生的学习和应用需求,通过 8 个精选的项目由浅入深、循序渐进地全面介绍 Python 语言的基础知识、编程方法和技巧。8 个项目包括千米与海里转换、计算三角形面积、水仙花数、打印万年历、用户注册登录、乌龟吃鱼小游戏、数据库连接和综合实训。每个项目都将按照"项目分析—知识加油站—项目实现—项目总结—拓展训练"的结构对内容进行组织,其中"项目分析"又分为"项目描述""项目目标"和"项目难点";"知识加油站"主要讲解本项目所用到的理论知识;"项目实现"包括本项目的实现代码和结果截图;"拓展训练"让读者自己做一个类似的项目,达到活学活用、学以致用的目的。

本书由张长海和赵海霞主编,其中项目 3 由赵海霞编写,项目 8 由张长海编写,项目 1 由张卫荣编写,项目 2 由李能能编写,项目 4 由崔娟编写,项目 5 由李艳和徐希炜共同编写,项目 6 由张宝华和李群亮共同编写,项目 7 由郑伟和刘聪共同编写。

本书编者水平有限,难免存在一些不足,敬请广大读者批评指正。

编 者

2020 年 6 月

第五章函数的
定义与调用

教学课件

教学计划

教学大纲

第五章函数参数设置
 第五章打印万年历
 第三章原样输出数字案例
 第三章求一个数阶乘案例

 第三章判断学生成绩等级案例
 第三章判断数字奇偶性案例
 第七章数据库基本操作
 第七章 python 连接数据库

 第六章综合实例 2
 第六章综合实例 1
 第八章网络爬虫综合实训 3
 第八章网络爬虫综合实训 2

 第八章网络爬虫综合实训 1

目 录

项目1 千米与海里转换——Python 概述 ·· 1

    1.1 Python 概述 ·· 2
        1.1.1 Python 语言发展史 ·· 2
        1.1.2 Python 语言的特点 ·· 3
        1.1.3 Python 的应用领域 ··· 5
    1.2 Python 环境配置 ··· 7
        1.2.1 Python 的安装 ·· 7
        1.2.2 IDLE 的使用 ·· 10
        1.2.3 集成开发环境 PyCharm 的安装 ·· 11
        1.2.4 PyCharm 的使用 ·· 13
    1.3 程序的开发与编写 ·· 18
        1.3.1 程序开发流程 ·· 18
        1.3.2 程序编写的基本方法 ·· 19
        1.3.3 数据表示——变量 ··· 20
        1.3.4 良好的 Python 编程习惯 ··· 21

项目2 计算三角形面积——Python 数据类型 ································ 26

    2.1 数字类型 ·· 27
        2.1.1 数字类型的表示方法 ·· 27
        2.1.2 实例1：根据身高体重计算 BMI 指数 ······································ 28
        2.1.3 数字类型转换 ·· 29
        2.1.4 数字类型的运算 ·· 30
        2.1.5 实例2：模拟商家收银抹零行为 ·· 34
    2.2 字符串 ·· 34
        2.2.1 字符串的定义方式 ··· 34
        2.2.2 字符串的格式化输出 ·· 35
        2.2.3 字符串操作符 ·· 38
    2.3 列表 ·· 38
        2.3.1 列表的创建方式 ·· 38
        2.3.2 列表的遍历和排序 ··· 39
        2.3.3 实例3：商品价格区间设置与排序 ·· 41
        2.3.4 添加、删除和修改列表元素 ·· 42

    2.3.5　实例4：人事管理系统 ………………………………………… 44
    2.3.6　嵌套列表 …………………………………………………………… 45
  2.4　认识元组 …………………………………………………………………… 46
    2.4.1　元组的创建方式 …………………………………………………… 46
    2.4.2　访问元组元素 ……………………………………………………… 47
    2.4.3　实例5：中文数字对照表 ………………………………………… 47
  2.5　字典 ………………………………………………………………………… 48
    2.5.1　字典的创建方式 …………………………………………………… 48
    2.5.2　字典的基本操作 …………………………………………………… 49

项目3　水仙花数——Python 程序语句 ……………………………………… 53

  3.1　分支语句 …………………………………………………………………… 54
    3.1.1　if-else 语句 ………………………………………………………… 54
    3.1.2　省略 else 的 if 语句 ……………………………………………… 56
    3.1.3　if-elif 语句 ………………………………………………………… 58
    3.1.4　if 语句嵌套 ………………………………………………………… 60
    3.1.5　判断多个条件 ……………………………………………………… 63
    3.1.6　综合实例——体脂称 …………………………………………… 64
  3.2　循环语句 …………………………………………………………………… 67
    3.2.1　for 语句 ……………………………………………………………… 67
    3.2.2　while 语句 ………………………………………………………… 69
    3.2.3　循环嵌套 …………………………………………………………… 70
  3.3　其他语句 …………………………………………………………………… 74
    3.3.1　break 语句 ………………………………………………………… 74
    3.3.2　continue 语句 ……………………………………………………… 75
    3.3.3　pass 语句 …………………………………………………………… 76
  3.4　异常语句 …………………………………………………………………… 78
    3.4.1　异常简介 …………………………………………………………… 78
    3.4.2　异常类 ……………………………………………………………… 78
    3.4.3　异常处理 …………………………………………………………… 81
    3.4.4　异常抛出 …………………………………………………………… 85
    3.4.5　自定义异常 ………………………………………………………… 86

项目4　打印万年日历——Python 函数与模块 ……………………………… 92

  4.1　Python 函数 ………………………………………………………………… 94
    4.1.1　函数的定义和调用 ………………………………………………… 94
    4.1.2　函数参数与返回值 ………………………………………………… 94
  4.2　Python 变量作用域范围 …………………………………………………… 102
    4.2.1　局部变量 …………………………………………………………… 102

	4.2.2　全局变量 ………………………………………………………… 102
4.3	函数的调用 ……………………………………………………………………… 103
4.4	Python 模块 ……………………………………………………………………… 105
	4.4.1　模块的基本使用 ………………………………………………… 105
	4.4.2　自定义模块的使用 ……………………………………………… 106

项目5　用户注册登录——Python 文件操作 …………………………………… 116

5.1	文件的打开与关闭 ……………………………………………………………… 117
	5.1.1　文件的打开 ……………………………………………………… 117
	5.1.2　文件的关闭 ……………………………………………………… 118
5.2	从文件中读取数据 ……………………………………………………………… 118
5.3	向文件写入数据 ………………………………………………………………… 121
5.4	文件的定位读取 ………………………………………………………………… 122
5.5	文件的复制与重命名 …………………………………………………………… 124
	5.5.1　文件的复制 ……………………………………………………… 124
	5.5.2　文件的重命名 …………………………………………………… 125
5.6	目录操作 ………………………………………………………………………… 126
	5.6.1　创建目录 ………………………………………………………… 126
	5.6.2　删除目录 ………………………………………………………… 128
	5.6.3　获取目录的文件列表 …………………………………………… 128
5.7	文件路径操作 …………………………………………………………………… 129
	5.7.1　相对路径与绝对路径 …………………………………………… 129
	5.7.2　获取当前路径 …………………………………………………… 130
	5.7.3　检测路径的有效性 ……………………………………………… 130
	5.7.4　路径的拼接 ……………………………………………………… 131

项目6　"乌龟吃鱼"小游戏——Python 面向对象编程 ……………………… 141

6.1	面向对象 ………………………………………………………………………… 142
6.2	类和对象 ………………………………………………………………………… 143
	6.2.1　类的定义 ………………………………………………………… 144
	6.2.2　对象的创建 ……………………………………………………… 145
	6.2.3　构造方法和析构方法 …………………………………………… 146
	6.2.4　self 的使用 ……………………………………………………… 149
6.3	Python 面对对象三大特性 ……………………………………………………… 150
	6.3.1　封装 ……………………………………………………………… 150
	6.3.2　继承 ……………………………………………………………… 152
	6.3.3　多态 ……………………………………………………………… 157
6.4	类属性与类方法 ………………………………………………………………… 158
	6.4.1　类属性 …………………………………………………………… 158

　　　　6.4.2　类方法 …………………………………………………………… 160
　6.5　游戏模块——pygame 模块 ……………………………………………… 161
　　　　6.5.1　安装 pygame ……………………………………………………… 161
　　　　6.5.2　使用 pygame 模块 ………………………………………………… 162

项目7　数据库连接（MySQL） ……………………………………………… 172

　7.1　数据库 SQL 语言基础知识 ……………………………………………… 173
　　　　7.1.1　登录 MySQL 数据库软件 ………………………………………… 173
　　　　7.1.2　创建数据库 SQL 代码格式 ……………………………………… 173
　　　　7.1.3　创建数据表 SQL 代码格式 ……………………………………… 174
　　　　7.1.4　添加数据 SQL 代码格式 ………………………………………… 175
　7.2　数据库操作 ………………………………………………………………… 176
　　　　7.2.1　连接数据库 ………………………………………………………… 176
　　　　7.2.2　执行 SQL 语句 …………………………………………………… 177
　　　　7.2.3　插入数据 …………………………………………………………… 178
　　　　7.2.4　修改数据 …………………………………………………………… 179
　　　　7.2.5　删除数据 …………………………………………………………… 179

项目8　综合实训——爬虫 ……………………………………………………… 184

　8.1　HTTP 协议 ………………………………………………………………… 185
　　　　8.1.1　HTTP 的请求与响应 ……………………………………………… 185
　　　　8.1.2　URL ………………………………………………………………… 185
　　　　8.1.3　客户端 HTTP 请求 ………………………………………………… 186
　　　　8.1.4　服务端 HTTP 响应 ………………………………………………… 187
　　　　8.1.5　项目依赖包 ………………………………………………………… 188
　8.2　爬取与解析网站数据 ……………………………………………………… 188
　　　　8.2.1　爬取页面 …………………………………………………………… 188
　　　　8.2.2　目标网页分析 ……………………………………………………… 189
　　　　8.2.3　BeautifulSoup 解析 HTML 提取目标数据 ……………………… 190
　　　　8.2.4　获取全部页面数据并存储到数据库 ……………………………… 191

参考文献 …………………………………………………………………………… 199

项目 1 千米与海里转换——Python概述

一、项目分析

（一）项目描述

在陆地上可以使用参照物确定两点之间的距离,使用厘米、米、千米等作为计量单位,而海上缺少参照物,人们规定地球子午圈的1分弧长为1海里(mile),即纬度1°对应的经线长度的六十分之一,使用海里作为海上计量单位。千米和海里的转换公式为"海里＝千米/1.852",本项目将通过编写程序,实现将千米转换成海里的换算。项目实现过程具体描述如下:输入千米数,输出海里数。

（二）项目目标

- 了解 Python 的特点、版本及应用领域。
- 熟悉 Python 的下载及安装。
- 了解 PyCharm 的安装及简单使用。
- 了解程序的开发流程。
- 了解程序编写的基本方法。

（三）项目难点

重点：
- Python 版本的区别及 Python 语言的特点。
- Python 开发环境的搭建。
- 集成开发环境 PyCharm 的使用。
- Python 程序的运行方式。
- 程序开发流程及编写方法。

难点：
- Python 开发环境的搭建。
- 集成开发环境 PyCharm 的使用。

➢ Python 程序的运行方式。

➢ 程序开发流程及编写方法。

二、知识加油站

在方兴未艾的机器学习以及热门的大数据分析技术领域,Python 语言的热度可谓如日中天。Python 语言因简单的语法、出色的开发效率以及强大的功能,迅速在各个领域占据一席之地,成为最符合人类期待的编程语言之一。接下来,将从 Python 语言的发展及特点入手,带领大家认识 Python 语言的安装、使用以及基本的程序开发。

1.1 Python 概述

Python 是一种面向对象的解释型计算机程序设计语言,由荷兰人吉多·范罗苏姆(Guido van Rossum)研发,并于 1991 年首次发行。Python 作为一种脚本语言,采用解释方式执行;Python 的解释器中保留了编译器的部分功能,程序执行后会生成一个完整的目标代码。因此,Python 被称为高级通用脚本编程语言。Python 易学、易用、可读性良好、性能优异、适用领域广泛。本节将从 Python 发展史、特点和应用领域进行介绍。

1.1.1 Python 语言发展史

Python 语言诞生于 20 世纪 90 年代,其创始人为吉多。吉多曾参与设计一种名为 ABC 的教学语言。他本人认为 ABC 这种语言非常优美且强大,但始终未能成功,1989 年圣诞节期间,身在阿姆斯特丹的吉多为了打发时间,决心研发一种新的脚本解释程序作为 ABC 语言的继承。由于非常喜欢一部名为 Monty Python's Flying Circus 的英国肥皂剧,吉多选择了 Python 作为这个新语言的名字,Python 语言就此诞生。Python 语言的发明者吉多和 Python 的图标分别如图 1.1 和图 1.2 所示。

图 1.1 吉多

图 1.2 Python 图标

Python 上手非常简单，它的语法非常像自然语言，对非软件专业人士而言，选择 Python 的成本最低，因此某些医学甚至艺术专业背景的人，往往会选择 Python 作为编程语言。吉多在 Python 中避免了 ABC 语言不够开放的劣势，加强了 Python 与其他语言如 C、C++ 和 Java 的结合性。此外，Python 还实现了许多 ABC 语言中未曾实现的东西，这些因素大大提高了 Python 的流行程度。

2008 年 12 月，Python 发布了 3.0 版本（也常常被称为 Python 3000，或简称 Py3k）。Python 3.0 是一次重大的升级，为了避免引入历史包袱，Python 3.0 没有考虑与 Python 2.x 的兼容。这导致很长时间以来，Python 2.x 的用户不愿意升级到 Python 3.0，这种割裂一度影响了 Python 的应用。

毕竟大势不可抵挡，开发者逐渐发现 Python 3.x 更简洁、更方便。现在，绝大部分开发者已经从 Python 2.x 转移到 Python 3.x，但有些早期的 Python 程序可能依然使用了 Python 2.x 语法。

2009 年 6 月，Python 发布了 3.1 版本。
2011 年 2 月，Python 发布了 3.2 版本。
2012 年 9 月，Python 发布了 3.3 版本。
2014 年 3 月，Python 发布了 3.4 版本。
2015 年 9 月，Python 发布了 3.5 版本。
2016 年 12 月，Python 发布了 3.6 版本。
2019 年 10 月，Python 发布了 3.8 版本。

1.1.2 Python 语言的特点

Python 作为一种比较"新"的编程语言，能在众多编程语言中脱颖而出，且与 C、C++、Java 等编程语言并驾齐驱，无疑说明其除了具有诸多高级语言的优点，亦独具一格，拥有自己的特点。下面简单介绍 Python 语言的特点。

1．简单易学

Python 是一种代表简单主义思想的语言。阅读一个良好的 Python 程序就感觉像是在读英语段落一样，尽管这个英语段落的语法要求非常严格。Python 最大的优点之一是具有伪代码的本质，它使我们在开发 Python 程序时，专注的是解决问题，而不是搞明白语言本身。

2．面向对象

Python 既支持面向过程编程，也支持面向对象编程。在"面向过程"的语言中，程序是由过程或仅仅是可重用代码的函数构建起来的。在"面向对象"的语言中，程序是由数据和功能组合而成的对象构建起来的。与其他主要的语言如 C++ 和 Java 相比，Python 以一种非常强大又简单的方式实现面向对象编程。

3．可移植性

由于 Python 的开源本质，它已经被移植在许多平台上。如果小心地避免使用依赖于系统的特性，那么所有 Python 程序无须修改就可以在下述任何平台上运行，这些平台包括

Linux、Windows、FreeBSD、Macintosh、Solaris、OS/2、Amiga、AROS、AS/400、Beos OS/390、Z/OS、Palm OS、QNX、VMS、Psion、Acorn RISC OS、VxWorks、PlayStation、Sharp Zaurus、Windows CE，甚至还有 PocketPC、Symbian 以及 Google 公司基于 Linux 开发的 Android 平台。

4．解释性

一个用编译性语言如 C 或 C++ 写的程序可以从源文件（即 C 或 C++ 语言）转换到一个计算机使用的语言。这个过程通过编译器和不同的标记、选项完成。当运行程序的时候，连接转载器软件把程序从硬盘复制到内存中并且运行。而 Python 语言写的程序不需要编译成二进制代码，可以直接从源代码运行程序。在计算机内部，Python 解释器把源代码转换成称为字节码的中间形式，然后再把它翻译成计算机使用的机器语言并运行。事实上，由于不再担心如何编译程序，如何确保连接转载正确的库等，这一切使得使用 Python 变得更加简单。由于只需要把 Python 程序复制到另外一台计算机上，它就可以工作了，这也使得 Python 程序更加易于移植。

5．开源

Python 是自由/开放源码软件（Free/Libre and Open Source Software，FLOSS）之一。简单地说，你可以自由地发布这个软件的副本，阅读它的源代码，对它做改动，把它的一部分用于新的自由软件中。FLOSS 是基于一个团体分享知识的概念，这是为什么 Python 如此优秀的原因之一，它是由一群希望看到一个更加优秀的 Python 的人创造的，他们也在不断对其进行改进。

6．高级语言

Python 是高级语言。当使用 Python 语言编写程序时，无须再考虑诸如如何管理程序使用的内存一类的底层细节。

7．可扩展性

如果需要一段关键代码运行得更快或者希望某些算法不公开，就可以把部分程序用 C 语言编写，然后在 Python 程序中使用它们。

8．丰富的库

Python 标准库确实很庞大，它可以帮助你处理各种工作，包括正则表达式、文档生成、单元测试、线程、数据库、网页浏览器、CGI、FTP、电子邮件、XML、XML-RPC、HTML、WAV 文件、密码系统、GUI（图形用户界面）Tk 和其他与系统有关的操作。只要安装了 Python，所有这些功能都是可用的，这就是 Python 的"功能齐全"理念。除了标准库以外，还有许多其他高质量的库，如 wXPython、Twisted 和 Pyon 图像库等。

9．规范的代码

Python 采用强制缩进的方式使得代码具有极佳的可读性。Python 因自身的优点得到广泛的应用，自然也具有解释型语言的一些缺点。Python语言的缺点有以下两个。

（1）速度慢：Python程序比Java、C、C++等程序的运行效率都慢。

（2）源代码加密困难：它不像编译型语言的源程序会被编译成目标程序，Python直接运行源程序，因此对源代码加密比较困难。

上述两个缺点并不是什么大问题，关于第一个问题，由于目前计算机的硬件速度越来越快，软件工程往往更关注开发过程的效率和可靠性，而不是软件的运行效率；至于第二个问题，则更不是问题了，现在软件行业的大势本来就是开源，就像Java程序同样很容易反编译，但丝毫不会影响它的流行。

1.1.3　Python的应用领域

Python作为一种功能强大的编程语言，因其简单易学而受到很多开发者的青睐。那么，Python的应用领域有哪些呢？

Python的应用领域非常广泛，几乎所有大中型互联网企业都在使用Python完成各种各样的任务，例如国外的Google、Youtube、Dropbox，国内的百度、新浪、搜狐、腾讯、阿里、网易、淘宝、知乎、豆瓣、汽车之家、美团等。概括起来，Python的应用领域主要有如下几个。

1. Web应用开发

Python经常被用于Web开发，尽管目前PHP、JS依然是Web开发的主流语言，但Python的上升势头更强。尤其随着Python的Web开发框架逐渐成熟（例如Django、flask、TurboGears、web2py等），程序员可以更轻松地开发和管理复杂的Web程序。例如，通过mod_wsgi模块，Apache可以运行用Python编写的Web程序。Python定义了WSGI标准应用接口协调HTTP服务器与基于Python的Web程序之间的通信。举个最直观的例子，全球最大的搜索引擎Google，在其网络搜索系统中就广泛使用Python语言。另外，我们经常访问的集电影、读书、音乐于一体的豆瓣网（如图1.3所示），也是使用Python实现的。

图1.3　用Python实现的豆瓣网

不仅如此,全球最大的视频网站 Youtube 及 Dropbox(一款网络文件同步工具)也都是用 Python 开发的。

2. 自动化运维

很多操作系统中,Python 是标准的系统组件,大多数 Linux 发行版以及 NetBSD、OpenBSD 和 Mac OS X 都集成了 Python,可以在终端下直接运行 Python。有一些 Linux 发行版的安装器使用 Python 语言编写,例如 Ubuntu 系统的 Ubiquity 安装器、RedHat Linux 系统和 Fedora 系统的 Anaconda 安装器等。另外,Python 标准库中包含了多个可用来调用操作系统功能的库。例如,通过 pywin32 软件包,我们能访问 Windows 的 COM 服务及其他 Windows API;使用 IronPython,我们能够直接调用.NET Framework。

通常情况下,Python 编写的系统管理脚本,无论是可读性,还是性能、代码重用度以及扩展性方面,都优于普通的 Shell 脚本。

3. 人工智能领域

人工智能是非常火的一个研究方向,如果要评选当前最热、工资最高的 IT 职位,那么人工智能领域的工程师最有话语权。而 Python 在人工智能领域内的机器学习、神经网络、深度学习等方面,都是主流的编程语言。可以这么说,基于大数据分析和深度学习发展而来的人工智能,其本质上已经无法离开 Python 的支持了,原因至少有以下几点:

(1)目前世界上优秀的人工智能学习框架,比如 Google 的 TransorFlow(神经网络框架)、FaceBook 的 PyTorch(神经网络框架)以及开源社区的 Karas 神经网络库等,都是用 Python 实现的。

(2)微软公司的 CNTK(认知工具包)也完全支持 Python,并且该公司开发的 VS Code,也已经把 Python 作为第一级语言予以支持。

(3)Python 擅长进行科学计算和数据分析,支持各种数学运算,可以绘制出更高质量的 2D 和 3D 图像。

(4)VS Code 是微软公司推出的一款代码编辑工具(IDE),有关它的下载、安装和使用,后续章节会做详细介绍。

总之,AI 时代的来临,使得 Python 从众多编程语言中脱颖而出,Python 作为 AI 时代头牌语言的位置,基本无人可撼动。

4. 网路爬虫

Python 语言很早就用来编写网络爬虫。Google 等搜索引擎公司大量地使用 Python 语言编写网络爬虫。从技术层面上讲,Python 提供有很多服务于编写网络爬虫的工具,例如 urllib、Selenium 和 BeautifulSoup 等,还提供了一个网络爬虫框架 Scrapy。

5. 科学计算

自 1997 年,美国 NASA(National Aeronautics and Space Administration)就大量使用 Python 进行各种复杂的科学运算。并且,与其他解释型语言(如 Shell、js、PHP)相比,Python 在数据分析、可视化方面均有相当完善和优秀的库,例如 NumPy、SciPy、

Matplotlib、pandas 等，可以满足 Python 程序员编写科学计算程序。

6. 游戏开发

很多游戏使用 C++ 编写图形显示等高性能模块，而使用 Python 或 Lua 编写游戏的逻辑。与 Python 相比，Lua 的功能更简单，体积更小；而 Python 则支持更多的特性和数据类型。例如，游戏 Sid Meier's Civilization 就是使用 Python 实现的，如图 1.4 所示。

图 1.4　Python 开发的游戏

除此之外，Python 可以直接调用 OpenGL 实现 3D 绘制，这是高性能游戏引擎的技术基础。事实上，有很多 Python 语言实现的游戏引擎，例如 Pygame、Pyglet 及 Cocos 2d 等。

1.2　Python 环境配置

在 Python 官网可以下载 Python 解释器。官方 Python 解释器是一个跨平台的 Python 集成开发和学习环境。它支持 Windows、Mac OS 和 UNIX 操作系统，且在这些操作系统中的使用方式基本相同。本节将介绍如何安装和配置 Python 开发环境，以及如何运行 Python 程序。

1.2.1　Python 的安装

本节以 Windows 系统为例演示 Python 解释器的安装过程。具体步骤如下。

(1) 访问 Python 官网(https://www.python.org/)，选择 Downloads→Windows，如图 1.5 所示。

(2) 选择 Windows 之后，页面会跳转到 Python 下载页面，该页面有多版本的安装包，读者可根据自身的情况选择下载的版本，图 1.6 为 Python 3.8.1 版本 64 位和 32 位离线安装包。

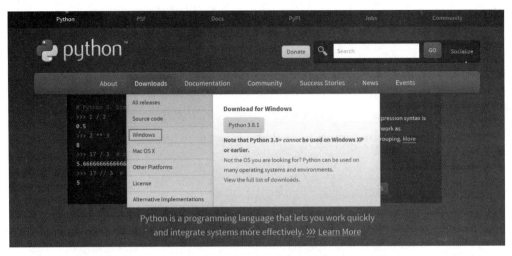

图1.5　Python官网首页

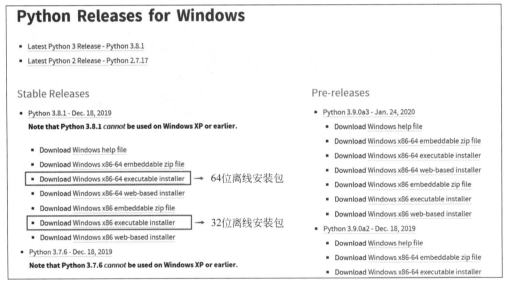

图1.6　Python下载列表

（3）选择64位版本进行下载，下载完成后，双击安装包开始安装。如图1.7所示。Python安装界面提供两种安装方式，选择Install Now将采用默认安装方式，无法改变安装目录，选择Customize installation将采用自定义安装方式，可自行修改安装路径。

注意：安装界面下方有Add Python 3.8 to PATH复选框，若选中此复选框，安装完成后Python将被自动添加到环境变量中；若不选中此复选框，则在使用Python解释器之前需先手动将Python添加到环境变量中。

（4）选中AddPython 3.8 to PATH，选择Install Now立即安装，如图1.8所示。

（5）安装完成后，在"开始"菜单栏中搜索Python，找到并单击打开Python 3.8(64位)，打开的窗口如图1.9所示。

项目1　千米与海里转换——Python概述

图 1.7　Python 安装方式

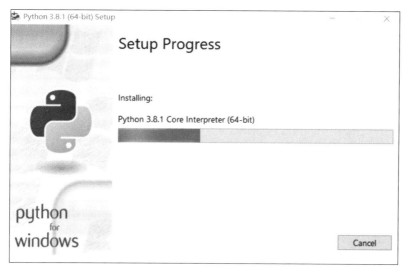

图 1.8　默认安装界面

图 1.9　Python 3.8(64 位)界面

用户亦可在控制台中进入 Python 环境。具体操作为：打开控制台窗口，在控制台的命令提示符">"后输入 python，按下回车键，就会显示当前安装的 Python 版本信息，如图 1.10

所示。

若要退出 Python 环境，在 Python 命令提示符">>>"后输入 quit()或 exit()，再按回车键即可。

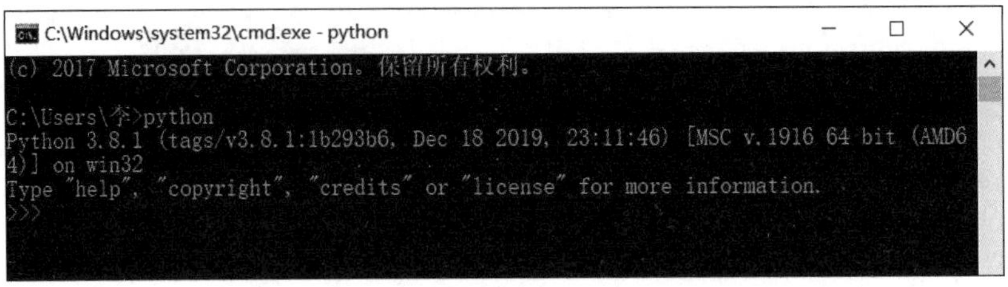

图 1.10 显示 Python 版本信息

1.2.2 IDLE 的使用

Python 的安装过程中默认自动安装了集成开发学习环境（Integrated Development Learning Environment，IDLE），它是 Python 自带的集成开发环境。下面以 Windows 10 为例介绍如何使用 Python 自带的集成开发环境编写 Python 代码。

在 Windows 系统的开始菜单的搜索栏中输入 IDEL，然后单击 IDEL（Python 3.8 64-bit）进入 IDEL 界面，如图 1.11 所示。

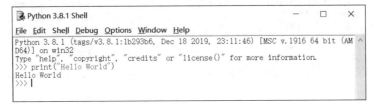

图 1.11 IDEL 界面

Python 程序的运行方式有两种：交互式和文件式。交互式指 Python 解释器逐行接收 Python 代码并及时响应；文件式也称批量式，指先将 Python 代码保存在文件中，再启动 Python 解释器批量解释代码。

1. 交互式

图 1.11 为一个交互式 Shell 界面，在界面中直接编写 Python 代码。

例 1.1 使用 print()函数输出 Hello World，如图 1.12 所示。

图 1.12 在 IDEL 中编写 Hello World 程序

2. 文件式

创建文件,在其中写入 Python 代码,将文件保存为.py 形式的 Python 文件。此处仍以代码 print("Hello World")为例,在文件中写入此行代码,并以文件名 hello.py 保存文件。在交互式窗口中选择 FIle→New File 命令,创建并打开一个新的界面,在新建的文件中输入 print("Hello World"),编写完成后选择 File→Save As 命令将文件以 hello.py 命名并保存。之后在窗口中选择 Run→Run Moulde 命令运行代码。运行结果如图 1.13 所示。

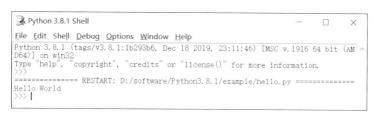

图 1.13 文件式运行结果

1.2.3 集成开发环境 PyCharm 的安装

PyCharm 是 Jetbrain 公司开发的一款 Python 集成开发环境。在进行简单的 Python 程序开发的时候,使用 IDEL 即可,但是复杂点的程序,就需要使用 PyCharm 进行。由于其具有智能代码编辑器、智能提示、自动导入功能,目前已成为 Python 专业开发人员和初学者广泛使用的 Python 开发工具。下面以 Windows 10 为例,介绍如何安装并使用 PyCharm。

访问 PyCharm 官网(https://www.jetbrains.com/pycharm/download/),进入下载界面,如图 1.14 所示。

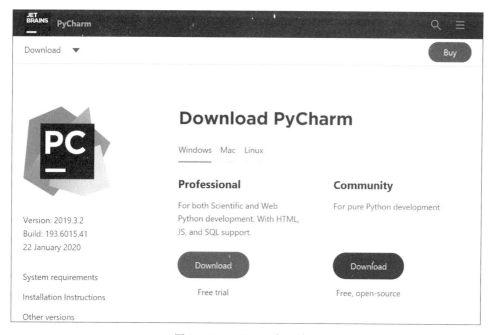

图 1.14 PyCharm 官网首页

图 1.14 中的 Professional 和 Community 是 PyCharm 的两个版本,其特点分别如下。
Professional 版本的特点:
➢ 提供 Python IDE 的所有功能,支持 Web 开发。
➢ 支持 Django、Flask、Google App 引擎、Pyramid 和 web2py。
➢ 支持 JavaScript、CoffeeScript、TypeScript、CSS 和 Cython 等。
➢ 支持远程开发、Python 分析器、数据库和 SQL 语句。
Community 版本的特点:
➢ 轻量级 Python IDE,只支持 Python 开发。
➢ 免费、开源、集成 Apache2 的许可证。
➢ 智能编辑器、调试器,支持重构和错误检查,集成 VCS 版本控制。

单击相应版本下的 Download 按钮开始下载 PyCharm 的安装包,这里选择下载 Community 版本。下载成功后,双击安装包后弹出欢迎界面,如图 1.15 所示。

图 1.15　PyCharm 安装界面

单击 Next 按钮进入 PyCharm 选择安装路径界面,如图 1.16 所示。

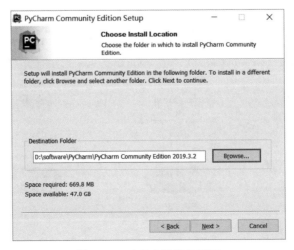

图 1.16　选择安装路径界面

在图 1.16 中，用户可以通过单击 Browse 按钮选择安装路径，确定安装位置后，单击 Next 按钮进入安装选择界面，如图 1.17 所示。

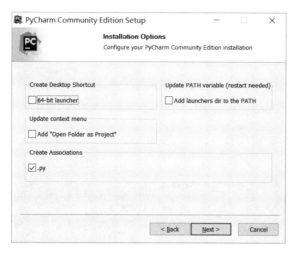

图 1.17　安装选择界面

单击 Next 按钮进入选择"开始"菜单界面，该界面中保留默认的配置，具体信息如图 1.18 所示。

单击 Install 按钮后，PyCharm 会进行安装，安装完成后提示 Completing PyCharm Community Edition Setup 信息，如图 1.19 所示。

图 1.18　选择开始菜单文件夹界面

图 1.19　安装完成界面

单击 Finish 按钮结束 PyCharm 安装。

1.2.4　PyCharm 的使用

PyCharm 安装完成后会在桌面上生成一种快捷方式，双击 PyCharm 快捷方式图标进入导入配置文件界面，如图 1.20 所示。该图有 3 个选项：Previous version、Config or installation folder、Do not import settings。在这里选择 Do not import settings。

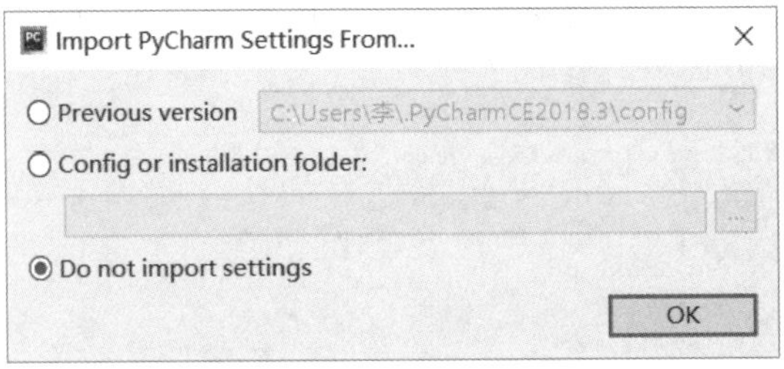

图1.20　导入配置文件界面

单击 OK 按钮进入环境设置界面,在该界面用户可以选择主题,这里选择 Light 主题,如图 1.21 所示。

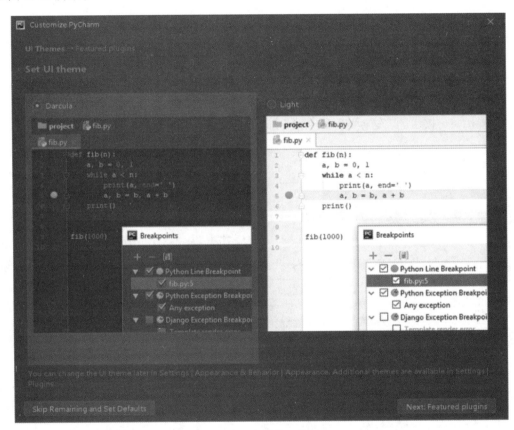

图1.21　主题设置界面

单击图中的 Skip Remaining and Set Defaults 按钮进入 PyCharm 欢迎界面,如图 1.22 所示。

如图 1.22 所示的界面中包括创建新项目、打开文件、版本控制检查项目三项内容。单击 Create New Project 创建一个 Python 项目 PythonDemo,设置项目存储路径为 D:\software\PyCharm\PythonDemo,如图 1.23 所示。

图 1.22　PyCharm 欢迎界面

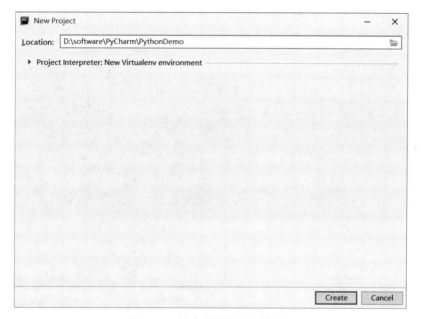

图 1.23　创建项目路径选择界面

单击 Create 按钮,进入项目界面,如图 1.24 所示。

这里创建的项目是空项目,之后需要在项目中创建一个文件。选择项目名称,右击,在弹出的快捷菜单中选择 New→Python File 命令,如图 1.25 所示。

进行上述操作后,会弹出 New Python File 窗口,在该窗口的 Name 文本框中设置 Python 文件名为 hello_world,使用默认类型 Python file,如图 1.26 所示。

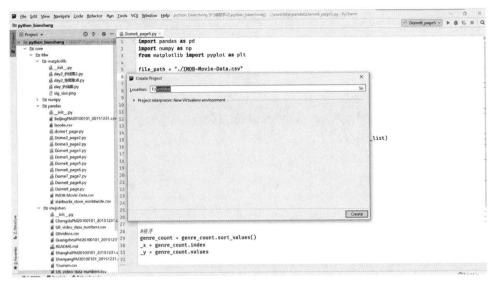

图 1.24　项目界面

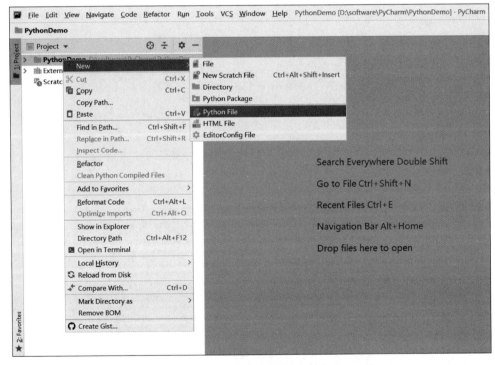

图 1.25　创建 Python 文件

按下回车键,然后在创建好的文件界面输入如下代码:

```
print("Hello_World!")
```

编写好的 hello_world.py 文件如图 1.27 所示。

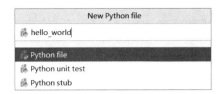

图 1.26　为 Python 文件命名

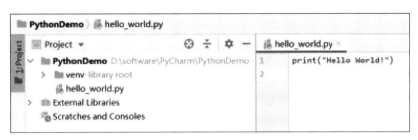

图 1.27　在 PyCharm 中编写代码

在如图 1.27 所示的编辑区中右击 hello_world.py 文件,选择 Run 'hello_world'命令运行文件,如图 1.28(a)所示,也可以单击菜单栏中 Run→Run 'hello_world'命令运行文件,如图 1.28(b)所示。

(a) 通过编辑区运行程序

图 1.28　运行程序

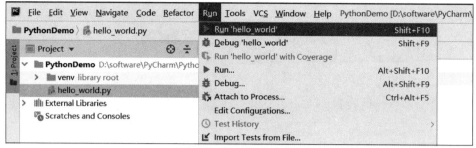

(b) 通过菜单栏运行程序

图 1.28(续)

程序结果会在 PyCharm 结果输出区进行显示,如图 1.29 所示。

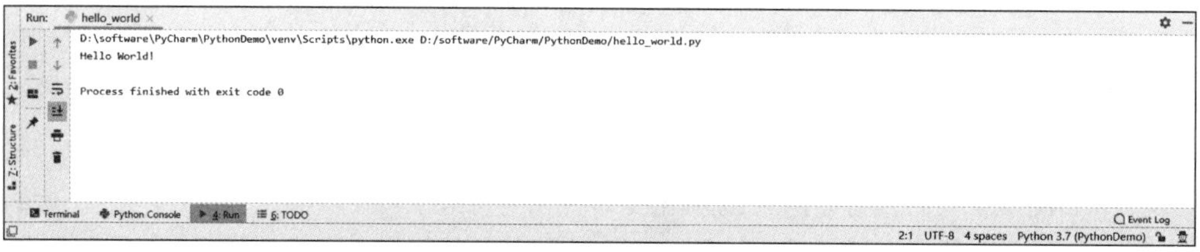

图 1.29 程序运行结果

1.3 程序的开发与编写

程序是运行在电子计算机上,用于实现某种功能的一组指令的集合。程序的规定与功能的复杂度有关,一般而言,功能越复杂,程序的规模就越大。下面将从程序的开发流程、程序的编写方法、编程约定和数据的表示等方面对程序实现方法进行说明。

1.3.1 程序开发流程

为了保证程序与问题统一,也保证程序能长期稳定使用,人们将程序的开发过程分为以下 6 个阶段。

1. 分析问题

编程的目的是控制计算机解决问题,在解决问题之前,应充分了解要解决的问题,明确真正的需求,避免因理解偏差而设计出不符合需求的程序。

2. 划分边界

准确描述程序要"做什么",此时无须考虑程序具体要"怎么做"。例如小李明天要从家出发到公司,对于此问题,只需要关心核心人物"小李"从"家里"出发,最终到达"公司",至于小李如何从家到达公司,不需要考虑。在这一阶段可利用 IPO(Input,Process,Output)方法描述问题,确定程序的输入、处理和输出之间的总体关系。

3. 程序设计

这一步需要考虑"怎么做",即确定程序的结构和流程。对于简单的问题,使用 IPO 方法描述,再着重设计算法即可。对于复杂的程序,应先"化整为零,分而治之",即将整个程序划分为多个"小模块",每个小模块实现小功能,将每个小功能当作独立的处理过程,为其设计算法,最后再"化零为整"设计可以联系各个小功能的流程。

4. 编写程序

使用编程语言编写程序。这一阶段首先要考虑的是编程语言的选择,不同的编程语言在性能、开发周期、可维护性等方面有一定的差异,实际开发中开发人员会对性能、周期、可维护性等因素进行一定的考量。

5. 测试与调试

运行程序,测试程序的功能,判断功能是否与预期相符,是否存在疏漏。如果程序存在不足,应着手定位和修复(即"调试")程序。在这一过程中应尽量多地考量与测试。

6. 升级与维护

程序并不会完全完成,哪怕它已投入使用。后续需求方可能提出新的需求,此时需要为程序增加新的功能,对其进行升级;程序使用时可能会产生问题,或发现漏洞,此时需要完善程序,对其进行维护。

综上所述,解决问题的过程不单单是程序编写的问题,问题分析、划分边界、程序设计、程序测试与调试、升级与维护亦是解决问题不可或缺的步骤。

1.3.2 程序编写的基本方法

程序要实现人机交互功能,需能够向显示设备输出有关信息及提示,同时也要能够接收从键盘输入数据。无论是四则运算还是航天器使用的复杂的控制程序,都遵循输入数据、处理数据和输出数据这个运算模式。这一基础的运算模式形成了基本的程序编写方法——IPO 方法。Python 提供了用于实现输入/输出功能的函数 input()和 print(),下面分别对这两个函数进行介绍。

1. input()函数

input()函数用于接收标准输入数据,该函数返回一个字符串类型数据,其语法格式如下:

```
input( * args, ** kwargs)
```

下面通过一个模拟用户登录的实例演示 input()函数和 print()函数的使用,创建一个名为 IPO 的 Python 文件,具体代码如下:

```
user_name = input ('请输入账号:')
password = input ('请输入密码:')
print('登录成功!')
```

运行结果如图 1.30 所示。

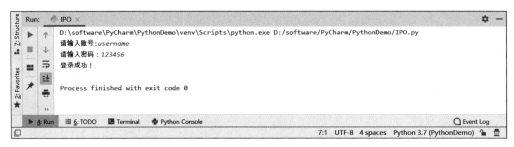

图 1.30　运行结果

2. print()函数

print()函数用于向控制台输出数据,它可以输出任何类型的数据,该函数的语法格式如下:

```
print(*objects, sep=' ', end='\n', file=sys.stdout)
```

print()函数中各个参数的具体含义如下。
(1) objrcts:表示输出对象。输出多个对象时,需要用逗号分隔。
(2) sep:用于间隔多个对象。
(3) end:用于设置以什么结尾。默认值是换行符\n。
(4) file:表示数据输出的文件对象。
接下来通过打印名片实例演示 print()函数的使用,具体代码如下:

```
print("姓名:张三")
age = 13
print("年龄:",age)
print("地址:山东")
```

运行结果如图 1.31 所示。

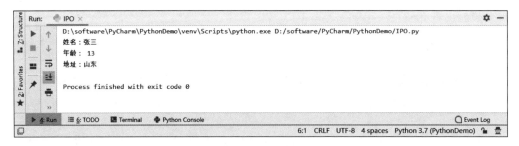

图 1.31　运行结果

1.3.3　数据表示——变量

Python 程序运行的过程中随时可能产生一些临时数据,应用程序会将这些数据保存在内存单元中,并使用不同的标识符标识各个内存单元。这些具有不同标识、存储临时数据的内存单元成为变量,标识内存单元的符号则称为变量名(亦称标识符),内存单元中存储的数据就是变量的值。

Python 中定义变量的方式很简单,只需要指定数据和变量名即可。变量的定义格式如下:

变量名 = 数据

变量名应遵循以下规则:

(1) 有字母、数字和下画线组成,且不以数字开头。
(2) 区分大小写。例如,andy 和 Andy 是不同的标识符。
(3) 通俗易懂,见名知意。例如,表示姓名,可以用 name。
(4) 如果由两个及以上单词组成,单词与单词之间使用下画线连接。

1.3.4 良好的 Python 编程习惯

PEP8 是关于 Python 编码规范指南,遵守该规范能够帮助 Python 开发者编写出优雅的代码,提高代码的可读性。以下详细说明。

1. 代码编排

(1) 缩进。4 个空格的缩进(编辑器都可以完成此功能),不使用制表符,更不能混合使用制表符和空格。

(2) 每行最大长度 79,换行可以使用反斜杠,最好使用圆括号。换行点要在操作符的后边按回车键。

(3) 类和 top-level 函数定义之间空两行;类中的方法定义之间空一行;函数内逻辑无关段落之间空一行;其他地方尽量不要再空行。

2. 空格的使用

总体原则,避免不必要的空格。
(1) 各种右括号前不要加空格。
(2) 逗号、冒号、分号前不要加空格。
(3) 函数的左括号前不要加空格,如 func(1)。
(4) 序列的左括号前不要加空格,如 list[2]。
(5) 操作符左右各加一个空格,不要为了对齐增加空格。
(6) 函数默认参数使用的赋值符左右省略空格。
(7) 不要将多句语句写在同一行,尽管使用";"。
(8) if/for/while 语句中,即使执行语句只有一句,也必须另起一行。

3. 注释

总体原则,错误的注释不如没有注释。所以当一段代码发生变化时,第一件事就是修改注释。

注释最好是完整的句子,首字母大写,句后要有结束符,结束符后跟两个空格,开始下一句。如果是短语,可以省略结束符。

(1) 块注释,在一段代码前增加的注释。在♯后加一空格。段落之间以只有♯的行间隔。

(2) 行注释,在一句代码后加注释,比如:x=x+1 ♯ Increment x。但是这种方式尽量少使用。

(3) 避免无谓的注释。

4. 命名规范

总体原则,新编代码必须按下面命名风格进行,现有库的编码尽量保持风格。

(1) 尽量避免单独使用小写字母l,大写字母O等容易混淆的字母。

(2) 模块命名尽量短小,使用全部小写的方式,可以使用下画线。

(3) 包命名尽量短小,使用全部小写的方式,不可以使用下画线。

(4) 类的命名使用CapWords的方式,模块内部使用的类采用_CapWords的方式。

(5) 异常命名使用CapWords+Error后缀的方式。

(6) 全局变量尽量只在模块内有效,类似C语言中的static。实现方法有两种,一是_all_机制;二是添加一个下画线前缀。

(7) 函数命名使用全部小写的方式,可以使用下画线。

(8) 常量命名使用全部大写的方式,可以使用下画线。

(9) 类的属性(方法和变量)命名使用全部小写的方式,可以使用下画线。

5. 编码建议

(1) 编码中考虑到其他Python实现的效率等问题,比如运算符'+'在CPython(Python)中效率很高,但是在JPython中却非常低,所以应该采用.join()的方式。

(2) 尽可能使用'is''is not'取代'==',比如if x is not None 优于 if x。

(3) 使用基于类的异常,每个模块或包都有自己的异常类,此异常类继承自exception。

(4) 异常中不要使用裸露的except,except后跟具体的exceptions。

(5) 异常中try的代码尽可能少。

(6) 使用startswith()和endswith()代替切片进行序列前缀或后缀的检查。

(7) 使用isinstance()比较对象的类型。比如 Yes: if isinstance(obj, int): 优于 No: if type(obj) is type(1):。

(8) 判断序列空或不空,有如下规则:

Yes: if not seq:

if seq:

优于

No: if len(seq)

if not len(seq)

(9) 字符串不要以空格收尾。

三、项目实现

按本项目要求,具体实现代码如下:

```
kilometre = float(input('请输入千米数: '))
nautical_mile = (kilometre / 1.852)
print('换算后的海里数为:', nautical_mile, "海里")
```

运行结果如图 1.32 所示。

图 1.32 运行结果

四、项目总结

本章主要介绍了 Python 的入门知识,包括 Python 的特点、版本、应用领域、Python 开发环境的搭建、IPO 函数、编程规范等。通过本章的学习,学生能够独立下载并搭建 Python 开发环境,并对 Python 开发有初步的认识,为后续学习做好铺垫。

五、项目拓展

(1) 编程实现在计算机上模拟输出如图 1.33 所示效果的名片。

×××网络有限公司
李先生 经理
手机:135××××××××
地址:山东省潍坊市奎文区××××

图 1.33 名片

(2) 编写一个程序,实现如图 1.34 所示的图形效果。

```
# # # # # # # # # # # # #
#                       #
# # # # # # # # # # # # #
```

图 1.34 图形效果

课后习题

1. 单项选择题

(1) 下列选项中,不属于 Python 语言特点的是(　　)。
A. 简单易学　　　　B. 开源　　　　C. 面向过程　　　　D. 可移植性

(2) 下列有关 Python 的说法中,错误的是(　　)。
A. Python 是从 ABC 语言发展起来的
B. Python 是一门高级的计算机程序语言
C. Python 是一门面向过程的语言
D. Python 是一种代表简单主义思想的语言

(3) 下列关于 IPython 的说法中,错误的是(　　)。
A. IPython 是一个交互式计算系统
B. IPython 的性能远优于标准的 Python Shell
C. IPython 支持变量自动补全和自动缩进
D. IPython 缺少内置的功能和函数

2. 多项选择题

(1) 下列选项中,哪些属于 Python 语言的特点?(　　)。
A. 简单易学　　　　B. 开源　　　　C. 面向过程　　　　D. 可移植性

(2) 下列关于 Python 2.x 和 Python 3.x 的说法中,正确的是(　　)。
A. Python 3.x 使用 print()函数输出数据
B. Python 3.x 默认使用的编码是 UTF-8
C. Python 2.x 和 Python 3.x 使用//运算的结果是一样的
D. Python 2.x 版本的异常可以直接被抛出

(3) 下列领域中,使用 Python 可以实现的是(　　)。
A. Web 开发
B. 操作系统管理和服务器运维的自动化脚本
C. 科学计算
D. 游戏

3. 判断题

(1) Python 语言的解释性特点指的是编写的程序不需要编译,可以直接被解释器执行。

(2) Python 语言的解释性特点指的是编写的程序需要编译,无法直接被解释器执行。

(3) Python 3.x 的源代码中,默认使用的是 ASCII 编码。

(4) Python 源码只有编译成二进制代码,才能够被执行。

(5) IPython 具备变量自动补全的功能。

(6) Python 采用强制缩进的方式使得代码具有极佳的可读性。
(7) 在 Python 3.x 版本中,所有异常类型的对象都是直接被抛出的。
(8) Python 源码不需要编译成二进制代码,它可以直接从源代码运行程序。
(9) Python 程序被解释器转换后的文件格式是 pyc。
(10) Python 语言既可以开发 Web 程序,也可以编写科学计算程序。

4. 填空题

(1) Python 2.x 版本中,5//2 的结果是_____。
(2) Python 具有_____的本质,它可以被移植到很多平台上。
(3) Python 可以在多种平台运行,这体现了 Python 语言的_____特性。
(4) Python 解释器将源代码转换成_____,交给 Python 虚拟机执行。
(5) 计算机中已经安装了 Python,此时要想安装 IPython,可以在控制台中输入_____命令进行安装。

5. 简答

(1) 简述 Python 的特点。
(2) 简述 Python 程序的执行原理。
(3) 简述 Python 的应用领域(至少 3 个)。

项目 2

计算三角形面积
——Python 数据类型

一、项目分析

(一) 项目描述

已知三角形三边长度分别为 x、y、z,其半周长为 q,根据海伦公式计算三角形面积 S。三角形半周长和三角形面积公式为:

三角形半周长 $q=(x+y+z)/2$

三角形面积 $S=(q*(q-x)*(q-y)*(q-z))**0.5$

项目实现过程具体描述如下:

(1) 接收用户输入的三角形边长。

(2) 计算出三角形的周长。

(3) 计算三角形的面积。

(二) 项目目标

➢ 了解数字类型的表示方法。

➢ 掌握数字类型的转换函数。

➢ 掌握字符串的格式化输出以及字符串常见操作。

➢ 熟练使用运算符,明确混合运算中运算符的优先级。

➢ 掌握列表的创建与访问列表元素的方式。

➢ 掌握列表的遍历和排序。

➢ 掌握添加、删除、修改列表元素的方式以及嵌套列表的使用。

➢ 掌握创建元组与访问元组元素的方式。

➢ 掌握字典的创建和字典的基本操作。

(三) 项目难点

重点:

➢ 数字类型的转换函数。

➢ 字符串的格式化输出及常见操作。
➢ 列表的创建。
➢ 添加、删除、修改列表元素。
➢ 元组的创建。

难点：
➢ 运算符的优先级。
➢ 列表的遍历和排序。
➢ 嵌套列表的使用。
➢ 字典的创建和基本操作。

二、知识加油站

Python 语言之所以简单易学，离不开 Python 基础的语法。Python 作为一门独立的语言，有其独特的语法特色。本项目将对 Python 语法中的数字类型、字符串、列表、元组和字典等内容进行详细介绍。

2.1 数字类型

2.1.1 数字类型的表示方法

1. 整型

整型也称为整数，可以是正整数或负整数，不带小数点。Python 3 中，整型是没有限制大小的，可以作为 long 类型使用，但实际上由于机器内存的有限，我们使用的整数是不可能无限大的。

整型有 4 种表现形式。

(1) 二进制：以 '0b' 开头。例如：'0b11011' 表示十进制的 27。
(2) 八进制：以 '0o' 开头。例如：'0o33' 表示十进制的 27。
(3) 十进制：正常显示。
(4) 十六进制：以 '0x' 开头。例如：'0x1b' 表示十进制的 27。

各进制数字进行转换（内置函数）如下所述。

bin(i)：将 i 转换为二进制，以 "0b" 开头。
oct(i)：将 i 转换为八进制，以 "0o" 开头。
int(i)：将 i 转换为十进制，正常显示。
hex(i)：将 i 转换为十六进制，以 "0x" 开头。

2. 浮点型

浮点型由整数部分与小数部分组成,浮点型也可以使用科学计数法表示(2.5e2＝2.5× 10^2＝250)。

3. 布尔类型

所有标准对象均可用于布尔测试,同类型的对象之间可以比较大小。每个对象天生具有布尔 True 或 False 值。空对象、值为零的任何数字或者 Null 对象 None 的布尔值都是 False。在 Python3 中 True＝1,False＝0,可以和数字型进行运算。

下列对象的布尔值是 False:

None;False;0(整型),0.0(浮点型);0L(长整型);0.0+0.0j(复数);""(空字符串);[](空列表);()(空元组);{}(空字典)。

值不是上列的任何值的对象的布尔值都是 True,例如 non-empty、non-zero 等。用户创建的类实例如果定义了 nonzero(_nonzeor_())或 length(_len_())且值为 0,那么它们的布尔值就是 False。

4. 复数

复数由实数部分和虚数部分构成,可以用 $a+bj$,或者 $complex(a,b)$ 表示,复数的实部 a 和虚部 b 都是浮点型。

2.1.2 实例 1:根据身高体重计算 BMI 指数

BMI 指数即为身体质量指数,是国际上衡量人体胖瘦程度以及是否健康的一个标准,计算公式为:体质指数(BMI)＝体重(kg)/(身高^2)(m),本实例通过编写程序,实现根据输入的身高体重计算 BMI 值。具体代码如下:

```
"""
根据身高体重计算某个人的 BMI 指数:
体质指数(BMI) = 体重(kg)/身高²(m)
"""
Height = float(input('请输入您的身高(m):'))
Weight = float(input('请输入您的体重(kg):'))
BMI = weight / (height * height)
Print('您的 BMI 值为:',BMI)
```

输出结果如图 2.1 所示。

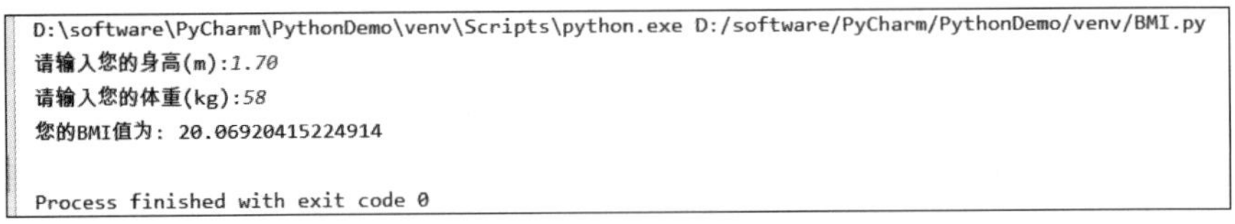

```
D:\software\PyCharm\PythonDemo\venv\Scripts\python.exe D:/software/PyCharm/PythonDemo/venv/BMI.py
请输入您的身高(m):1.70
请输入您的体重(kg):58
您的BMI值为: 20.06920415224914

Process finished with exit code 0
```

图 2.1 BMI 计算结果

2.1.3 数字类型转换

Python 内置了一系列可实现强制类型转换的函数,保证用户在有需求的情况下,将目标数据转换成指定的类型,数字之间的转换函数有 int()、float()、str(),关于这些函数的功能说明如表 2.1 所示。

表 2.1 类型转换函数的功能说明

函数	说明
int()	将浮点型、布尔类型和符合数值类型规范的字符串转换成整型
float()	将整型和符合数值类型规范的字符串转换成浮点型
str()	将数值类型转换成字符串

表 2.1 中介绍了类型转换函数的使用说明,下面通过代码演示这些函数的使用方法,具体如下:

```
>>> int(4.7)              # 浮点型转整型,小数部分被截断
4
>>> float(4)              # 整型转浮点型
4.0
>>> str(3.14)             # 数值类型转换成字符串
'3.14'
```

掌握以上函数后,想对两个符合数值类型格式的字符串数据进行算术运算就非常简单。例如对两个符合数值类型格式的字符串进行求和运算,示例代码如下:

```
str_1 = "3"
str_2 = "6"
>>> sum = int(str_1) + int(str_2)
>>> print(sum)
9
```

以上代码将字符串 str_1 和 str_2 中存储的字符串转换成整型,并进行求和运算,打印计算结果为 9。

需要注意的是,经过上述操作后,str_1 和 str_2 仍为字符串,这是因为,使用 int() 转换的结果只是一个临时的对象,并未被存储。如果通过 type() 函数测试 str_1、str_2 和 sum 的类型,获得的结果如下:

```
>>> type(str_1)
<class 'str'>
>>> type(str_2)
<class 'str'>
>>> type(sum)
<class 'int'>
```

在使用类型转换函数时需要注意以下两点:

(1) int()函数、float()函数只能转换符合数字类型格式规范的字符串。

(2) 使用int()函数将浮点数转换成整数时,若有必要会发生截断(取整),而非四舍五入。

用户在使用类型转换函数式必须考虑到以上两点,否则可能会因字符串不符合要求而导致在转换时发生错误,或因截断而产生预期之外的计算结果。

2.1.4 数字类型的运算

与其他的编程语言相比较,Python语言有更丰富的运算符,并且功能更加强大。因此,Python数据可以用相对简单的方式,实现丰富的运算功能。下面将介绍Python中的算术运算符、比较运算符、赋值运算符、逻辑运算符、位运算符、成员运算符、身份运算符,以及各运算符的优先级。

1. 算术运算符

算术运算符主要用于两个对象算术计算,包括+、-、*、/、//、%、**,它们都是双目运算符,只要在终端输入两个操作数和一个算术运算符组成的表达式,Python解释器就会解析表达式,并打印结果。

假设变量:a=10,b=20,Python算术运算符的功能描述以及实例如表2.2所示。

表2.2 算术运算符

运算符	描 述	实 例
+	加——两个对象相加	a+b 输出结果 30
-	减——得到负数或是一个数减去另一个数	a-b 输出结果 -10
*	乘——两个数相乘或是返回一个被重复若干次的字符串	a*b 输出结果 200
/	除——x除以y	b/a 输出结果 2
%	取模——返回除法的余数	b%a 输出结果 0
**	幂——返回x的y次幂	a**b 为10的20次方,输出结果 100000000000000000000
//	取整除——返回商的整数部分(向下取整)	>>> 9//2　4 >>> -9//2　-5

2. 比较运算符

比较(关系)运算符用于两个对象比较,包括==、!=、<、>、=<、>=,经常用于布尔测试,输出结果为True或False。

假设变量a为10,变量b为20,Python比较运算符的功能描述以及实例如表2.3所示。

表2.3 比较运算符

运算符	描 述	实 例
==	等于——比较对象是否相等	(a == b)返回 False
!=	不等于——比较两个对象是否不相等	(a != b)返回 True

续表

运算符	描 述	实 例
>	大于——返回 x 是否大于 y	(a > b)返回 False
<	小于——返回 x 是否小于 y。所有比较运算符返回 1 表示真,返回 0 表示假。这分别与特殊的变量 True 和 False 等价	(a < b)返回 True
>=	大于等于——返回 x 是否大于等于 y	(a >= b)返回 False
<=	小于等于——返回 x 是否小于等于 y	(a <= b)返回 True

3. 赋值运算符

赋值运算符用于对象的赋值,将运算符右边的值(或计算结果)赋给运算符左边,主要包括=、+=、-=、*=、/=、%=、**=、//=。

Python 赋值运算符的功能描述以及实例如表 2.4 所示。

表 2.4 赋值运算符

运算符	描 述	实 例
=	简单的赋值运算符	c=a+b 将 a+b 的运算结果赋值为 c
+=	加法赋值运算符	c+=a 等效于 c=c+a
-=	减法赋值运算符	c-=a 等效于 c=c-a
*=	乘法赋值运算符	c*=a 等效于 c=c*a
/=	除法赋值运算符	c/=a 等效于 c=c/a
%=	取模赋值运算符	c%=a 等效于 c=c%a
**=	幂赋值运算符	c**=a 等效于 c=c**a
//=	取整除赋值运算符	c//=a 等效于 c=c//a

4. 逻辑运算符

逻辑运算符用于逻辑运算(与或非等)。Python 语言支持逻辑运算符,包括 and(与)、or(或)、not(非),逻辑运算符可以将多个条件按照逻辑进行连接,变成复杂的条件。

假设变量 a 为 10,b 为 20,Python 逻辑运算符的功能描述以及实例如表 2.5 所示。

表 2.5 逻辑运算符

运算符	逻辑表达式	描 述	实 例
and	x and y	布尔"与"——如果 x 为 False,x and y 返回 False,否则它返回 y 的计算值。	(a and b)返回 20
or	x or y	布尔"或"——如果 x 是非 0,它返回 x 的值,否则它返回 y 的计算值。	(a or b)返回 10
not	not x	布尔"非"——如果 x 为 True,返回 False。如果 x 为 False,它返回 True。	not(a and b)返回 False

5. 位运算符

位运算符用于对 Python 对象进行按照存储的位操作,包括 &、|、^、~、<<、>>,按位运算符是把数字看作二进制来进行计算的。Python 中的按位运算法则如下。

表 2.6 中变量 a 为 60,b 为 13,二进制格式如下:

a=00111100,b=00001101。

a&b=00001100,a|b=0011 1101,a^b=0011 0001,~a=100 0011,Python 位算符的功能描述以及实例如表 2.6 所示。

表 2.6 位运算符

运算符	描述	实例
&	按位与运算符:参与运算的两个值,如果两个相应位都为 1,则该位的结果为 1,否则为 0	(a & b)输出结果 12,二进制解释:0000 1100
|	按位或运算符:只要对应的两个二进位有一个为 1 时,结果位就为 1	(a | b)输出结果 61,二进制解释:0011 1101
^	按位异或运算符:当两对应的二进位相异时,结果为 1	(a ^ b)输出结果 49,二进制解释:0011 0001
~	按位取反运算符:对数据的每个二进制位取反,即把 1 变为 0,把 0 变为 1。~x 类似于 -x-1	(~a)输出结果 -61,二进制解释:1100 0011
<<	左移动运算符:运算数的各二进位全部左移若干位,由 << 右边的数字指定了移动的位数,高位丢弃,低位补 0	a<<2 输出结果 240,二进制解释:1111 0000
>>	右移动运算符:把">>"左边的运算数的各二进位全部右移若干位,>> 右边的数字指定了移动的位数	a>>2 输出结果 15,二进制解释:0000 1111

6. 成员运算符

除了以上的一些运算符之外,Python 还支持成员运算符,用于判断一个对象是否包含另一个对象,包括 in、not in,Python 成员运算符的功能描述以及实例如表 2.7 所示。

表 2.7 成员运算符

运算符	描述	实例
in	如果在指定的序列中找到值返回 True,否则返回 False	x 在 y 序列中,如果 x 在 y 序列中返回 True
not in	如果在指定的序列中没有找到值返回 True,否则返回 False	x 不在 y 序列中,如果 x 不在 y 序列中返回 True

7. 身份运算符

Python 的一切数据都可以视为对象,每个对象都有 3 个属性:类型、值和身份。其中,类型决定了对象可以保存什么样的值;值代表对象表示的数据;身份就是内存地址,它是每个对象的唯一标识,对象被创建后身份不会发生任何变化。

身份运算符用于判断是不是引用自一个对象,包括 is 和 is not,用于判断两个对象的内存地址是否相同。假设变量 a 的值为 10,变量 b 的值为 10,Python 身份运算符的功能描述以及实例如表 2.8 所示。

表 2.8 身份运算符

运算符	描述	实例

is	测试两个对象的内存地址是否相同,相同返回 True,不同返回 False	>>> a = 10
		>>> b = 10
		>>> a is b
		True

is not	测试两个对象的内存地址是否不同,不同返回 True,否则返回 False	>>> a = 10
		>>> b = 10
		>>> a is not b
		False

8. 运算符优先级

Python 支持使用多个不同的运算符连接简单的表达式,实现相对复杂的动能,为了避免含有多个运算符的表达式出现歧义,Python 为每一种运算符都设定了优先级。表 2.9 列出了从最高到最低优先级的所有运算符。

表 2.9 运算符优先级

运算符	描述
**	指数(最高优先级)
~、+、-	按位翻转、一元加号和减号(最后两个的方法名为 +@ 和 -@)
*、/、%、//	乘、除、取模和取整除
+、-	加法、减法
>>、<<	右移、左移运算符
&	按位与运算符
^、|	按位或运算符
<=、<、>、>=	比较运算符
<>、==、!=	等于运算符
=、%=、/=、//=、-=、+=、*=、**=	赋值运算符
is、is not	身份运算符
in、not in	成员运算符
not、and、or	逻辑运算符

2.1.5 实例2：模拟商家收银抹零行为

在超市购物时，很有可能会遇到这种情况，当买了商品进行结算的时候，总价会存在 0.1 或 0.2 的零头，收银员在收取现金时往往会将这些零头抹去。本实例要求编写程序代码，实现超市收银抹零行为。具体代码如下所示。

```
total_money = 36.15 + 23.01 + 25.12            ♯累加总计金额
total_money_str = str(total_money)
♯print('商品总金额为:' + total_money_str + '元')
print('商品总金额为:',total_money, '元')
pay_money = int(total_money)                    ♯进行抹零处理
pay_money_str = str(pay_money)
print('实收金额为:' + pay_money_str + '元')
```

输出结果如图 2.2 所示。

```
商品总金额为： 82.10000000000001 元
实收金额为:82元

Process finished with exit code 0
```

图 2.2 输出结果

2.2 字符串

2.2.1 字符串的定义方式

字符串是一种表示文本的数据类型，它是由符号或者数值组成的一个连续序列，Python 中的字符串是不可变的，字符串一旦被创建便不可修改。

根据字符串中是否包含换行符，可以将字符串划分为单行字符串和多行字符串两种，它们各自定义的方式有所不同。

1. 单行字符串

Python 支持使用单引号、双引号和三引号来定义字符串，通常情况下，单引号和双引号用于定义单行字符串。

```
♯单引号定义字符串
single_symbol = 'hello Python'
♯双引号定义字符串
double_symbol = "helloPython"
```

2. 多行字符串

多行字符串以一对三引号(三个单引号或三个双引号)作为边界来表示，字符串中可以

包含换行符、制表符或者其他的特殊字符,如:
#三引号定义字符串
three_symbol = '''hello Python
learn Python'''
或 three_symbol ="""hello Python
learn Python"""
输出以上使用三引号定义的字符串,结果如下:
hello Python
       learn Python
定义字符串时单引号和双引号可以嵌套使用,需要注意的是,使用双引号表示的字符串中允许嵌套单引号,但不允许包含双引号。例如:
mixture = "It 's good"   #单引号双引号混合使用
此外,如果单引号或者双引号中的内容包含换行符,那么字符串会被自动换行。例如:
double_symbol = "hello \n python"
输出结果为:
hello
python

2.2.2 字符串的格式化输出

Python 的字符串可通过占位符%、format()方法和 f-strings 三种方式实现格式化输出,下面将分别介绍这三种方式。

1. 占位符

利用占位符%对字符串进行格式化时,Python 会使用一个带有格式符的字符串作为模板,这个格式符用于为真实值预留位置,并说明真实值应该呈现的形式。

```
>>> name = '张三'
>>>'你好,我叫%s'% name
'你好,我叫张三'
```

一个字符串中同时可以含有多个占位符。

```
>>> name = '张三'
>>> age = 12
>>>'你好,我叫%s,我已经%d岁了.'%(name,age)
'你好,我叫张三,我已经12岁了.'
…
```

上述代码首先定义了变量 name 与 age,然后使用两个占位符%进行格式化输出,因为需要对两个变量进行格式化输出,所以可以使用()将这两个变量存储起来。

不同的占位符为不同的变量预留位置,常见的占位符如表 2.10 所示。

表2.10 常见占位符

符号	说明	符号	说明
%s	字符串	%d	十进制整数
%o	八进制整数	%x	十六进制整数(a～f为小写)
%X	十六进制整数(A～F为大写)	%e	指数(底写为e)
%f	浮点数		

使用占位符%时需要注意变量的类型,若变量类型与占位符不匹配时程序会发生异常。

```
>>> name = '张三'
>>> age = '12'
>>>'你好,我叫%s,我已经%d岁了.'%(name,age)
Traceback(most recent call last):
  File "<pyshell#8>",line 1, in <module>
  '你好,我叫%s,我已经%d岁了."%(name,age)
TypeError:%d format:a number is required, not str
```

以上代码使用占位符%d对字符串age进行格式化,由于变量类型和占位符不匹配,因此出现TypeError异常。

2. format()方法

format()方法同样可以对字符串进行格式化输出,与占位符%不同的是,使用format()方法不需要关注变量的类型。

format()方法的基本使用格式如下:

```
<字符串>.format(<参数列表>)
```

在format()方法中使用{}为变量预留位置。

```
>>> name = '张三'
>>> age = 12
>>>'你好,我叫{},我已经{}岁了.'.format(name,age)
'你好,我叫张三,我已经12岁了.'
```

如果字符串中包含多个{},并且{}内没有指定任何序号(从0开始编号),那么默认按照{}出现的顺序分别用format()方法中的参数进行替换;如果字符串{}中明确指定了序号,那么按照序号对应的format()方法的参数进行替换。

```
>>> name = '张三'
>>> age = 12
>>>'你好,我叫{1},我已经{0}岁了.'.format(age,name)
'你好,我叫张三,我已经12岁了.'
```

format()方法还可以对数字进行格式化,包括保留n位小数、数字补充和显示百分比,接下来将分别进行介绍。

(1) 保留 n 位小数。使用 format() 方法可以保留浮点数的 n 位小数,其格式为{:.nf},其中 n 表示保留小数位数。例如变量 a 的值为 2.15363,使用 format() 方法保留 3 位小数:

```
>>> a = 2.15363
>>>'{:.3f}'.format(a)
'2.154'
```

上述示例代码中,使用 format() 方法可以保留变量 a 的 3 位小数,其中{:.3f}可以分为{:}与.3f,{:}表示获取变量 a 的值,.3f 表示保留 3 位小数。

(2) 数字补齐。使用 format() 方法可以对数字进行补齐,其格式为{:m>nd},其中 m 表示补齐的数字,n 表示补齐后数字的长度。例如,某个序列编号从 0001 开始,此种编号可以在 1 之前使用 3 个 0 进行补齐:

```
>>> num = 1
>>>'{:0>4d}'.format(num)
'0001'
```

上述示例中,使用 format() 方法对变量 num 的值进行补 0 操作,其中{:0>4d}的 0 表示要补的数字,">"表示在数字左侧进行补充,4 表示补充后数字的长度。

(3) 显示百分比。使用 format() 方法可以将数字以百位比形式显示,其格式为{:.n%},其中 n 表示要保留的小数位。例如,变量 num 的值为 0.23,将 num 值保留 0 位小数,并以百分比格式显示:

```
>>> num = 0.23
>>>'{:.0%}'.format(num)
'23%'
```

上述示例代码中,使用 format() 方法将变量 num 的值以百分比形式显示,其中{:.0%}的 0 表示保留的小数位。

3. f-strings

f-strings 是从 Python 3.6 版本开始加入 Python 标准库的内容,它提供了一种更为简洁的格式化字符串方法。

f-strings 在格式上以 f 或 F 引领字符串,字符串中使用{}标明被格式化的变量。f-strings 本质上不再是字符串常量,而是在运行时运算求值的表达式,所以在效率上优于占位符%和 format() 方法。

使用 f-strings 不需要关注变量的类型,但是仍需要关注变量传入的位置。

```
>>> name = '李四'
>>> f'我的名字是{name}.'
'我的名字是李四.'
```

使用 f-strings 还可以进行多个变量格式化输出。例如:

```
>>> name = '张三'
>>> age = 15
>>> course = 'Python'
>>> f'我的名字是{name},我{age}岁了,我喜欢{course}课程.'
'我的名字是张三,我 15 岁了,我喜欢 Python 课程.'
```

2.2.3 字符串操作符

字符串在实际开发中经常被用到,掌握字符串的常用操作符有助于提高代码编写效率。假设 a="人生苦短",b="我用 Python",表 2.11 为常见的字符串操作符及其示例。

表 2.11 字符串操作符

操作符	说明	示例
+	连接字符串	a+b,结果为"人生苦短,我用 Python"
*	复制字符串	a*2,结果为"人生苦短人生苦短"
>、<、==、!=、>=、<=	按照 ASCⅡ 值的大小比较字符	a==b,结果为 False
in、not in	检查字符串中是否存在或不存在某个字串	a in b,结果为 False

以下是字符操作符的部分示例代码:

```
>>>'hello' + 'Python'          # 使用 + 连接两个字符串
'helloPython'
>>>'hello' * 3                 # 复制 3 次字符串
'hellohellohello'
>>>'Python'in 'hello Python'   # 检测 Python 是否存在于 hello Python 中
True
>>>'PyCharm'not in 'hello Python'  # 检测 PyCharm 是否存在于 hello Python 中
True
```

虽然通过"+"操作符可以连接多个字符串,但是效率非常低,这是因为 Python 中字符串属于不可变类型,在循环连接字符串的时候会生成新的字符串,每生成一个新的字符串就需要申请一次内存空间,内存操作过于频繁。因此,Python 不建议使用"+"来连接字符串。

2.3 列表

列表是 Python 中最灵活的有序序列,它可以存储任意类型的元素,开发人员可以对列表中的元素进行添加、删除、修改等操作。本部分将对列表的创建、遍历和排序、添加、删除以及修改等操作进行介绍。

2.3.1 列表的创建方式

Python 中列表的创建有 3 种比较简单的方式,分别为基本语法[]创建、list()创建和

range()创建,下面将对这 3 种创建方式进行简单的介绍。

1. 基本语法[]创建

基本语法[]创建列表时,只需要在[]中使用逗号分隔每一个元素即可。

```
list_one = []                          # 创建空列表
list_two = ['p','y','t','h','o','n']   # 列表中元素类型均为字符串类型
list_three = [1,2,3,'a','b','c','d']   # 列表中包含不同类型元素
```

2. list()创建列表

使用 list()创建列表,需要注意的是该函数接收的参数必须是一个可迭代类型的数据,使用 list()可以将任何可迭代的数据转化成列表。

```
list_four = list()         # 创建一个空的列表对象
list_five = list(1)        # 因为 int 类型数据类型是不可迭代的类型,所以创建失败
list_six = list('Python')  # 字符串类型是可迭代的类型
```

3. range()创建整数列表

range()创建的是一个整数列表,其语法为:range([start,] end [,step])。
start 参数:可选,表示起始数字,默认是 0。
end 参数:必选,表示结尾数字。
step 参数:可选,表示步长,默认是 1。
Python 3 中 range 返回的是一个 range 对象,而不是列表。在使用时需要通过 list()方法将其转换成列表对象。

```
>>> list(range(2,12,2))
[2,4,6,8,10]
>>> list(range(15,3,-2))
[15,13,11,9,7,5]
>>> list(range(3,9))
[3,4,5,6,7,8]
```

2.3.2 列表的遍历和排序

1. 列表的遍历

列表是一个可迭代对象,可以通过依次遍历列表、for 循环语句和 while 语句遍历该列表。
(1) 依次遍历列表。代码如下,运行结果如图 2.3 所示。

```
# 创建列表
list_1 = ['计算机网络','大数据','云计算','人工智能','计算机应用','虚拟现实']
# 依次遍历列表
```

```
print(list_1[0])
print(list_1[1])
print(list_1[2])
print(list_1[3])
```

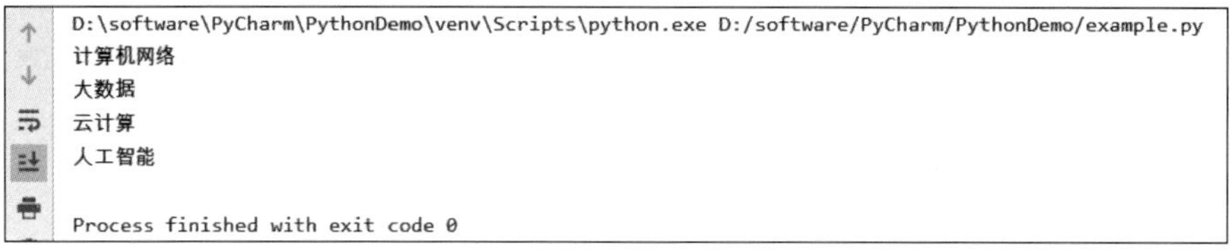

```
D:\software\PyCharm\PythonDemo\venv\Scripts\python.exe D:/software/PyCharm/PythonDemo/example.py
计算机网络
大数据
云计算
人工智能

Process finished with exit code 0
```

图 2.3　运行结果

（2）for 循环语句遍历列表。使用 for 循环语句代码如下，运行结果如图 2.4 所示。

```
# 创建列表
list_3 = ['张三','李四','王五','吴六']
# 通过 for 循环遍历列表
for i in list_3:
    print(i)
```

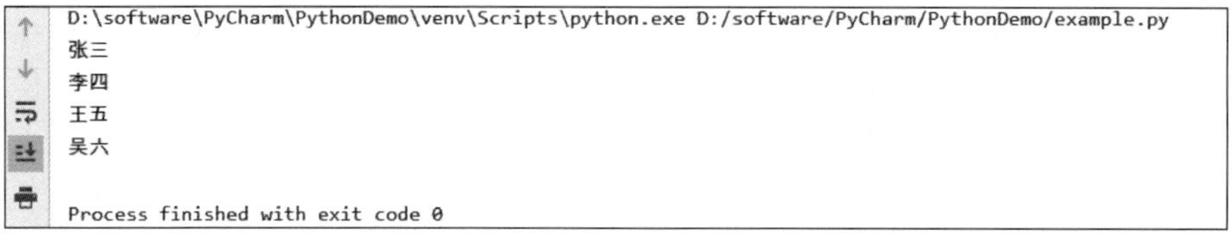

```
D:\software\PyCharm\PythonDemo\venv\Scripts\python.exe D:/software/PyCharm/PythonDemo/example.py
张三
李四
王五
吴六

Process finished with exit code 0
```

图 2.4　for 循环语句遍历列表运行结果

（3）while 语句遍历列表。使用 while 语句代码如下，运行结果如图 2.5 所示。

```
# 创建列表
list_2 = ['计算机网络','大数据','云计算','人工智能','计算机应用','虚拟现实']
# 通过 while 循环遍历列表
i = 0
while i < len(list_2):
    print(list_2[i])
    i + = 1
```

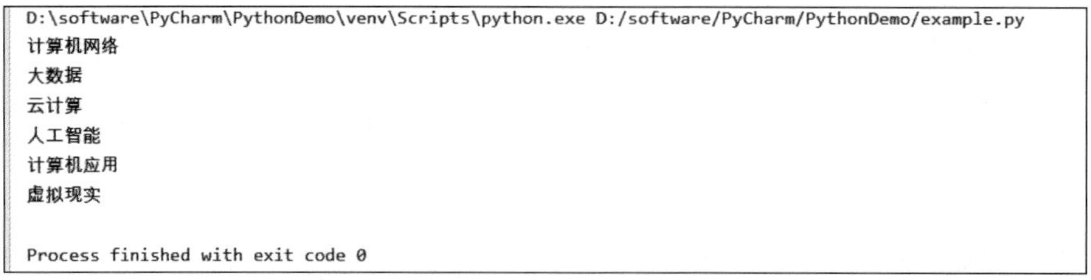

```
D:\software\PyCharm\PythonDemo\venv\Scripts\python.exe D:/software/PyCharm/PythonDemo/example.py
计算机网络
大数据
云计算
人工智能
计算机应用
虚拟现实

Process finished with exit code 0
```

图 2.5　while 语句遍历列表运行结果

2. 列表的排序操作

如果希望对列表中的元素进行重新排列,则可以使用 sort 方法或者 reverse 方法实现。其中,sort 方法是将列表中的元素按照特定的顺序重新排列,默认为由小到大。如果要将列表中的元素由大到小排列,则可以将 sort 方法中 reverse 参数的值设为 True。reverse 方法是将列表逆置。接下来通过一个实例来演示这两种方法的使用,例如:

```
1    list_demo = [1,4,2,3,5]
2    list_demo.reverse()
3    print(list_demo)
4    list_demo.sort()
5    print(list_demo)
6    list_demo.sort(reverse=True)
7    print(list_demo)
```

上述实例中,第 1 行代码定义了一个包含 5 个数值元素的列表 list_demo,第 2~3 行代码调用 reverse 方法将列表进行搁置后输出,第 4~5 行代码调用 sort 方法按照从小到大的顺序排列列表中的元素后进行输出,第 6~7 行代码调用 sort 方法按照由大到小的顺序排列列表中的元素后重新输出。程序运行的结果如图 2.6 所示。

图 2.6　运行结果

2.3.3　实例 3:商品价格区间设置与排序

当我们在网上购物时,对于同一类型的商品,不同的商家设置的价格可能不同,如何选择一个价格中等的商品呢?例如现有一件商品,8 个商家给出的价格如表 2.12 所示。

表 2.12　不同商家商品价格

商家序号	价格	商家序号	价格
1	955	5	999
2	899	6	869
3	920	7	912
4	968	8	966

用户根据提示"请输入最大价格:"和"请输入最低价格:"分别输入最大价格和最小价格,选择符合自己的需求价格空间,并按照提示"1.价格降序排序(换行)2.价格升序排序(换行)请选择排序方式:"输入相应的序号,最终将排序后的结果全部输出。具体代码如下,运行结果如图 2.7 所示。

```
price_li = [955, 899, 920, 968, 999, 869, 912, 966]
section_li = []
max_section = int(input("请输入最大价格:"))
```

```
min_section = int(input("请输入最小价格:"))
for i in price_li:
    if min_section <= i <= max_section:
        section_li.append(i)
print("1.价格降序排序")
print("2.价格升序排序")
choice_num = int(input("请选择排序方式:"))
if choice_num == 1:
    section_li.sort(reverse=True)
else:
    section_li.sort()
print(section_li)
```

```
D:\software\PyCharm\PythonDemo\venv\Scripts\python.exe D:/software/PyCharm/PythonDemo/商品价格区间排序.py
请输入最大价格:1000
请输入最小价格:850
1.价格降序排序
2.价格升序排序
请选择排序方式:1
[999, 968, 966, 955, 920, 912, 899, 869]

Process finished with exit code 0
```

图 2.7　运行结果

2.3.4　添加、删除和修改列表元素

1. 添加元素

上节我们学习了通过"＋"号将两个序列连接在一起，通过该方法也可以实现为列表添加元素。但是这种方法的执行速度要比直接使用列表对象的 append()方法慢，所以建议在实现添加元素时，使用列表对象的 append()方法实现。列表对象 append()方法用于在列表末尾追加元素，语法格式如下：

```
listname.append(obj)
```

其中，listname 为要添加元素的列表名称，obj 为要添加到列表末尾的对象。

定义一个包括四个元素的列表，然后应用 append()方法向该列表的末尾再添加一个元素，代码如下：

```
>>> list_1 = [1,2,3,4]
>>> list_1.append(5)
>>> print(list_1)
[1,2,3,4,5]
```

（1）insert()方法。insert()方法主要用于在列表指定的位置插入元素，如：

```
>>> list_2 = [1,2,3,4]
>>> list_2.insert(2,2)
>>> print(list_2)
[1,2,2,3,4]
```

(2) extend()方法。上面介绍的是向列表中添加一个元素,如果想要将一个列表中的全部元素添加到另一个列表中,可以使用列表对象的extend()方法,语法格式如下:

```
listname.extend(sqe)
```

listname 为原列表,sqe 要添加的列表。语句执行后,sqe 的内容将追加到listname后面。

例 2.1 创建两个列表,然后应用 extend()方法将第一个列表添加到第二个列表中,具体代码如下:

```
>>> list_3 = [1,2,3,4]
>>> list_4 = [5,6,7,8]
>>> list_3.extend(list_4)
>>> print(list_3)
[1,2,3,4,5,6,7,8]
```

2. 修改元素

修改列表中的元素只需要通过索引获取该元素,然后再为其重新赋值即可。

例 2.2 定义一个保存3个元素的列表,然后修改索引值为1的元素,代码如下:

```
>>> list_5 = ["张三","李四","王五"]
>>> list_5[1] = "吴六"
>>> print(list_5)
["张三","吴六","王五"]
```

3. 删除元素

删除元素常用的方法有 del 语句、remove()方法和 pop()方法,具体介绍如下:
(1) del 语句。del 语句用于删除列表中指定位置的元素。

例 2.3

```
>>> list_6 = ["张三","李四","王五"]
>>> del list_6[1]
>>> print(list_6)
['张三','王五']
```

(2) remove()方法。remove()方法用于移除列表中的某个元素,若列表中有多个匹配的元素,只会移除匹配到的第一个元素。

例 2.4

```
>>> list_7 = ['h','e','l','l','o','P','y','t','h','o','n']
>>> list_7.remove('h')
>>> print(list_7)
['e','l','l','o','P','y','t','h','o','n']
```

(3) pop()方法。pop()方法用于移除列表中的某个元素,如果不指定具体元素,那么移除的就是列表中的最后一个元素。

例 2.5

```
>>> list_8 = ['h','e','l','l','o','P','y','t','h','o','n']
>>> print(list_8.pop())
n
>>> print(list_8.pop(3))
l
```

2.3.5 实例 4：人事管理系统

当今无论哪个一个行业都有自己的人事管理系统，人事管理系统的基本功能都有添加人员、删除人员、备注姓名和展示人员等。接下来将通过编写代码，管理人员可根据提示"请输入您的选择："选择序号，实现以下相应的功能。

（1）添加人员：管理员根据提示"请输入要添加的人员："输入要添加的人员姓名，添加后提示"人员添加成功"。

（2）删除人员：管理员根据提示"请输入要删除的人员："输入要删除的人员姓名，添加后提示"删除成功"。

（3）备注姓名：管理员根据提示"请输入要修改的人员姓名："输入要修改的人员姓名，添加后提示"备注成功"。

（4）展示人员：若管理员还没有添加过人员，则显示"列表为空"，否则返回每个人员的姓名。

（5）退出：关闭人事管理系统。

实现的代码以及运行结果如图 2.8 所示。

```
"""
人事管理系统
增加
删除
修改
查询
"""
# person = ['张三', '李四', '王五']
friends = []
print("欢迎使用人管理系统")
print("1: 添加人员")
print("2: 删除人员")
print("3: 备注姓名")
print("4: 展示人员")
print("5: 退出")
while True:
    num = int(input("请输入您的选项:"))
    if num == 1:
        add_friend = input("请输入要添加的人员:")
        friends.append(add_friend)
```

```
        print('人员添加成功')
    elif num == 2:
        del_friend = input("请输入删除人员姓名:")
        friends.remove(del_friend)
        print("删除成功")
    elif num == 3:
        before_friend = input("请输入要修改的人员姓名:")
        after_friend = input("请输入修改后的人员姓名:")
        friend_index = friends.index(before_friend)
        friends[friend_index] = after_friend
        print("备注成功")
    elif num == 4:
        if len(friends) == 0:
            print("人员列表为空")
        else:
            for i in friends:
                print(i)
    elif num == 5:
        break
```

图 2.8 运行结果

2.3.6 嵌套列表

列表可以存储任何元素,当然也可以存储列表,如果列表存储的元素也是列表,则称为嵌套列表。

嵌套列表的创建方式与普通列表的创建相同。例如:

```
[ [0],[1],[1,2] ]
```

以上代码创建了一个嵌套列表,该表中包含了 3 个列表,其中索引为 0 的元素为[0],索引为 1 的元素为[1],索引为 2 的元素为[2,3]。嵌套列表元素的访问方式与普通列表一样,可以使用索引访问嵌套列表中的元素。若希望访问嵌套的内层列表中的元素,需要先使用索引获取内层列表,再使用索引访问被嵌套的列表中的元素。

例 2.6 想访问列表[['张三'],['李四'],['王五','吴六']]中第三个列表中的第一个元素,代码如下:

```
>>> list_9 = [['张三'],['李四'],['王五','吴六']]
>>> print(list_9[2][0])
王五
```

如果希望嵌套列表的内层列表中添加元素,首先要获取内层列表,再调用相应的方法往指定的列表中添加元素。

例 2.7

```
>>> list_10 = [['张三'],['李四']]
>>> list_10[0].append('王五')
>>> print(list_10)
[['张三','王五'],['李四']]
```

2.4 认识元组

2.4.1 元组的创建方式

元组的创建方式有两种,通过()来创建或者使用 tuple()函数快速创建。

1. 通过()来创建

通过()来创建元组时,()也可以省略。如果元组只有一个元素,则必须后面加逗号。这是因为解释器会把(1)解释为整数 1,(1,)解释为元组。

```
>>> tu_1 = ()                    # 创建空元组
>>> tu_2 = (1)                   # 只有一个元素,不加逗号
>>> print(tu_2)
1
>>> tu_3 = (1, )                 # 只有一个元素,加逗号
>>> print(tu_3))
(1, )
>>> tu_4 = (1,'python','a')      # 元组中元素类型不同
>>> print(tu_4)
(1,'python','a')
```

2. 使用 tuple()创建元组

使用 tuple()函数创建元组时,如果不传入任何数据,就会创建一个空元组;如果要创建包含元素的元组,就必须传入可迭代类型的数据。

```
>>> tu_5 = tuple()
>>> print(tu_5)
()
>>> tu_6 = tuple('abc')
```

```
>>> print(tu_6)
('a','b','c')
>>> tu_7 = tuple([1,2,3])
>>> print(tu_7)
(1,2,3)
```

2.4.2 访问元组元素

可以通过索引或切片的方式来访问元组中的元素。

1. 使用索引访问单个元素

元组可以使用索引访问元组中的元素。

```
>>> tu_8 = ('hello','Python','abc')
>>> print(tu_8[0])
hello
>>> print(tu_8[1])
Python
>>> print(tu_8[2])
abc
```

2. 使用切片访问元组元素

元组还可以使用切片访问元组中的元素。

```
>>> tu_9 = ('p','y','t','h','o','n')
>>> print(tu_9[2:4])
('t','h')
```

上述例子定义了包含 5 个元素的元组，使用切片截取了索引 2 到索引 4 的元素。

2.4.3 实例 5：中文数字对照表

阿拉伯数字具有简单易写、方便使用的特点，因此成为了最流行的数字书写方式，但是在使用阿拉伯数字时，可以对某些数字不露痕迹地修改成其他数字。例如，将数字 1 改为数字 7，将数字 3 改为数字 8，为了避免不必要的麻烦，可以使用中文大写数字如壹、贰、叁、肆等替换阿拉伯数字。要实现将输入的阿拉伯数字转为中文大写数字，可使用以下代码，运行结果如图 2.9 所示。

```
uppercase_numbers = ("零","壹","贰","叁","肆","伍","陆","柒","捌","玖")
number = input("请输入一个数字:")

for i in range(len(number)):
    print(uppercase_numbers[int(number[i])], end = "")
```

```
D:\software\PyCharm\PythonDemo\venv\Scripts\python.exe D:/software/PyCharm/PythonDemo/中文数字对照表.py
请输入一个数字:3
叁
Process finished with exit code 0
```

图 2.9　运行结果

2.5　字典

2.5.1　字典的创建方式

Python 中字典的创建方式有 3 种，包括使用花括号{}创建、使用内置函数 dict()创建和调用 dict 的方法 fromKeys 创建。下面进行详细介绍。

1. 使用花括号{}创建

使用花括号{}创建字典时，字典中的键(key)和值(value)使用冒号连接，每个键值对之间使用逗号分隔。具体格式为：

{键1:值1,键2:值2,键3:值3,……}

```
>>> dict_1 = {'姓名':'张三','年龄':12,'性别':'男'}    #创建个人信息字典
>>> print(dict_1)
{'姓名':'张三','年龄':12,'性别':'男'}
>>> dict_2 = {}                                      #创建空字典
>>> print(dict_2)
{}
```

当花括号中没有键值对时，创建的就是一个空字典。

2. 使用内置函数 dict()创建

使用内置函数 dict()创建字典时，键和值使用"="进行连接，具体格式为：
dict(键1=值1,键2=值2,键3=值3,……)

```
>>> dict(name = '张三',age = 12,sex = '女')
{'name':'张三','age':12,'sex':'女'}
```

3. 调用 dict 的方法 fromKeys

调用该方法时通过参数指定所有的键，所有值的默认值都是 None。

```
>>> print(dict.fromkeys(['name','age']))
{'name':None,'age':None}
```

2.5.2 字典的基本操作

Python 为字典提供了一些很实用的内建方法,使用这些方法可以帮助读者在工作中应对涉及字典的问题,简化开发步骤。此外 Python 还提供了一些字典的常见操作,如表 2.13 所示。

表 2.13 字典的常见操作

常见操作	描述
d.keys()	返回字典 d 中所有的键信息
d.values()	返回字典 d 中所有的值信息
d.items()	返回字典 d 中所有的键值对信息
d.get(key[,default])	若键存在于字典 d 中返回其对应的值,否则返回默认值
d.clear()	清空字典
d.pop(key[,default])	若键存在于字典 d 中返回其对应的值,同时删除键值对,否则返回默认值
d.popitem()	随机删除字典 d 中的一个键值对
del d[key]	删除字典 d 中的某键值对
len(d)	返回字典 d 中元素的个数
min(d)	返回字典 d 中最小键所对应的值
max(d)	返回字典 d 中最大键所对应的值

三、项目实现

按本项目要求,具体实现代码如下:

```
one_len = float(input('输入三角形第一边长: '))
two_len = float(input('输入三角形第二边长: '))
three_len = float(input('输入三角形第三边长: '))
# 计算半周长
s = (one_len + two_len + three_len) / 2
# 计算面积
area = (s * (s - one_len) * (s - two_len) * (s - three_len)) ** 0.5
print('三角形面积为%0.1f' % area)
```

运行结果如图 2.10 所示。

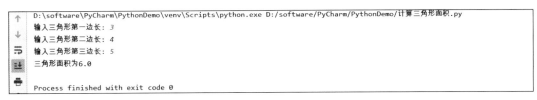

图 2.10 运行结果

四、项目总结

本项目主要讲解了 Python 的数字类型、字符串、运算符、列表、字典和元组,其中数字类型、字符串和运算符都是 Python 中最基础的内容,也比较容易理解。列表主要讲解了访问、遍历和排序、增删改查;元组主要讲解了创建方式和访问方式,这里需要强调的是,元组是无法进行修改的;字典介绍了其创建方式和基本操作。希望大家通过本项目的学习,掌握数据类型、字符串和运算符的基本内容,并能清楚地知道列表、元组和字典各自的特点,这样在后续项目的开发过程中,能够选择合适的类型对数据进行操作。

五、项目拓展

(1) 编写一个程序,用于实现输入直角三角形两个直角边的长度 a,b,求斜边 c 的长度。

(2) 编写一个程序,用于统计字符串中每个字母出现的次数(字母忽略大小写,a 和 A 看成同一个字母),统计出结果,请按照['a':3,'b':2]的格式输出。

(3) 已知 test=[1,2,3,4,5],请通过两种编程方法,将列表变成 test=[5,4,3,2,1]。

(4) 假设有两个 4×4 的矩阵,请编写一个程序,计算这两个矩阵的和并输出。

课后习题

1. 单项选择题

(1) 阅读下面一段程序:

```
words = "Hello,Python"
index = words.index("Py",0,6)
print(index)
```

运行程序,最终执行的结果为(   )。
A. 5　　　　B. 6　　　　C. 7　　　　D. 程序出现 ValueError 异常

(2) 关于字符串的说法中,下列描述错误的是(   )。
A. 一个字符视为长度为 1 的字符串
B. 字符串以\0 标志字符串的结束
C. 字符串既可以用单引号表示,也可以使用双引号表示
D. 在三引号字符串中可以包含换行回车符等特殊字符

(3) 当字符串中包含双引号或单引号等特殊字符时,可以使用(   )对它们进行转义。
A. \　　　　B. /　　　　C. ♯　　　　D. %

(4) 下列符号中,用于对字符串进行格式化的是(   )。
A. %c　　　　B. %s　　　　C. %f　　　　D. %d

(5) 关于find()和index()函数的说法中,下列描述错误的是( )。

A. 如果find()函数没有找到子字符串,则会抛出异常

B. 两个函数都可以检测某个字符串中是否包含子串

C. 两个函数都支持指定搜索范围

D. 两个函数默认查找的范围均为字符串的整个长度

(6) 阅读下面一段示例程序:

```
demo_list = []
demo_list.append("A","B")
print(demo_list)
```

运行程序,其最终执行的结果为( )。

A. ['A']　　　　B. ['A','B']　　　C. ['B','A']　　　D. 程序出现TypeError异常

(7) 下列方法中,用于列表倒置的是( )。

A. reverse　　　B. pop　　　　C. sort　　　　D. convert

(8) 请阅读下面的程序:

```
tup1 = (12,'bc',34)
tup2 = ('ab',23,'cd')
tup3 = tup1 + tup2
print(tup3[2])
```

执行上述程序,最终输出的结果为( )。

A. bc　　　　　B. 12　　　　　C. 34　　　　　D. ab

(9) 下列语句中,变量类型属于列表的是( )。

A. a = [1,'a', [2, 'b']]　　　　　B. a = {1,'a', [2, 'b']}

C. a = (1,'a', [2, 'b'])　　　　　D. a = "1,'a', [2, 'b']"

(10) 下列选项中,只能删除列表最后一个元素的是( )。

A. del　　　　　B. pop　　　　C. remove　　　D. delete

2. 多项选择题

(1) 下列方法中,用于在字符串中查找子串的是( )。

A. find　　　　B. count　　　　C. index　　　　D. replace

(2) 下列格式化符号中,用来表示整数的是( )。

A. %s　　　　　B. %i　　　　　C. %d　　　　　D. %f

(3) 下列方法中,用于删除字典元素的是( )。

A. del　　　　　B. delete　　　　C. clear　　　　D. drop

(4) 下列选项中,属于可变类型的是( )。

A. 字典　　　　B. 元组　　　　C. 列表　　　　D. 字符串

(5) 下列选项中,属于字符串的是( )。

A. 'a"b"c'　　　B. "a'b'c"　　　C. '''abc'''　　　D. ''abc'

3．判断题

（1）Python 不支持字符类型，单个字符也作为字符串使用。
（2）字符串是一种表示数字的数据类型。
（3）字符串中的字符可以是 ASCII 字符和各种 Unicode 字符。
（4）count()函数用于统计字符串的字符总个数。
（5）字符串的每个字符都有一个编号，它是从 1 开始的。
（6）字典中的键是唯一的、不可重复的。
（7）reverse()方法用于将列表的元素按照从大到小的顺序排列。
（8）通过 extend()方法可以将一个列表中的元素全部添加到另外一个列表中。
（9）使用 insert()函数能向列表的末尾追加元素。

4．填空题

（1）在单引号包含的字符串中出现单引号时，需要对它进行_____。
（2）如果不使用反斜杠转义特殊字符，可以使用原始字符串实现，即在字符串的前面添加_____。
（3）如果要从字符串中取出字符，则可以通过_____获取。
（4）如果要获取字符串 name 中的字符 m，可以使用_____获取。
（5）在字符串中使用 find()函数没有找到子串时，程序会返回_____。
（6）如果要查找列表中指定的元素是否存在，则可以使用_____运算符。
（7）如果不确定字典中是否存在某个键而获取它的值时，则可以使用_____方法进行访问。
（8）列表的嵌套指的是列表的元素又是一个_____。
（9）字典中每个元素是由两个部分组成的，分别为_____和_____。
（10）当要查找列表中的元素时，可以使用运算符_____来判断元素是否存在。

5．简答

（1）编写一个程序，用于统计字符串"ab2b3n5n2n67mm4n2"中字符 n 出现的次数。
（2）请简述 append()、extend()和 insert()方法的区别。
（3）请简述 del 语句、pop()和 remove()方法的区别。

项目3 水仙花数——Python程序语句

一、项目分析

(一) 项目描述

用户输入一个任意的数,判断此数是否为"水仙花数"。所谓"水仙花数"就是指一个三位数,其各位数字的立方和等于该数本身。例如:153是一个"水仙花数",因为 $153 = 1^3 + 5^3 + 3^3$。项目实现过程具体描述如下:

(1) 判断此数是否为三位数,若不是输出"您输入的数值不是三位数,请重新输入!",若是则往下进行。

(2) 取出三位数每一位上的数字,分别对其求立方值。

(3) 将三个位上的数字立方值相加,如果其和等于原数本身,则输出"您输入的 *** 为水仙花数",否则输出"您输入的 *** 不是水仙花数"。

(4) 要求有用户退出条件,用户按Q键退出,按任意键继续。

(二) 项目目标

- 掌握分支语句的基本结构与用法。
- 掌握循环语句的基本结构与用法。
- 掌握 break、continue、pass 等其他语句的基本结构与用法。
- 掌握分支语句和循环语句的嵌套,以及分支与循环的组合使用方法。
- 理解异常的概念以及处理异常的几种方式。
- 了解 raise 的结构和用法,以及自定义异常的抛出。

(三) 项目难点

重点:
- 判断语句的基本结构与用法。
- 循环语句的基本结构与用法。
- 判断语句和循环语句的嵌套,以及判断与循环的组合使用方法。

难点：
- 判断语句的基本结构与用法。
- 循环语句的基本结构与用法。
- break、continue、pass 等其他语句的基本结构与用法。
- 判断语句和循环语句的嵌套，以及判断与循环的组合使用方法。
- raise 的结构和用法，以及自定义异常的抛出。

二、知识加油站

任何一门编程语言，重要的组成部分都是数据结构和程序语句，这是学习编程语言的基础。同时编程语言在程序执行过程中都有最基本的三种结构：顺序结构、分支结构、循环结构。顺序结构是代码按照由上到下的顺序一行一行地执行；分支结构是代码执行到分支语句时根据条件判断是否进行需要跳转执行；循环结构是代码执行到循环语句时进行重复执行。这三种结构是通过程序中的数据结构和程序语句来实现的。

Python 语言同样也具有这三种结构，因此本项目主要讲解实现这三种基本结构的 Python 语言程序语句。顺序结构不需要特殊的语句进行控制，分支结构和循环结构则需要不同的语句控制它的跳转，因此程序语言的语句主要用来控制分支结构和循环结构以及其他一些特殊的用途。Python 语言实现控制程序流程的语句主要有分支语句、循环语句和 break、continue、pass 等其他语句以及异常的处理语句等，下面针对这些语句进行详细讲解。

3.1 分支语句

生活中我们过马路时需要根据红绿灯来判断走还是停，如果是绿灯就可以通过，如果是红灯则需要停下来等待。跟我们的大脑一样，计算机执行程序也将根据条件判断需要执行哪些语句，这就是分支语句。

分支语句是程序控制语句的重点，所谓分支就是通过条件来判断应该执行哪些语句，因此也叫选择语句或判断语句，具体指的是根据条件来判断，满足条件需要执行这一部分语句，不满足条件则执行另一部分语句。Python 提供了 if-else 语句、省略 else 的 if 语句以及 if-elif 语句等多种分支语句，同时分支语句还可以嵌套，下面进行详细讲解。

3.1.1 if-else 语句

if-else 语句是分支语句的基础，主要实现程序跳转最基本的两分支，既满足条件做一件事情，不满足条件做另一件事情。其语句格式如下：

```
if 条件:
    语句1
    语句2
    ……
```

```
else:
    语句 1
    语句 2
    ……
分支外的语句
……
```

注意,条件后面必须有冒号(:),条件为真时执行的语句必须都缩进,而且缩进必须相同。同时只有条件成立,也就是条件为真(True)时,才可以执行 if 后面的语句,否则执行 else 后面的语句,其流程图如图 3.1 所示。

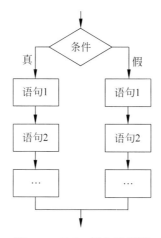

图 3.1　if-else 语句流程图

下面通过实例来演示 if-else 语句的使用。

例 3.1　判断一个数字的奇偶。

分析:用户输入任意一个数字,判断这个数字是奇数还是偶数。是奇数的条件是数字除以 2,余数不为 0,是偶数的条件是数字除以 2,余数为 0。

代码如下:

```
x = int(input('请输入一个任意数字:'))
if x % 2 = = 0:
    print('%d是偶数'% x)
else:
    print('%d是奇数'% x)
```

运行结果如图 3.2(a)和图 3.2(b)所示。

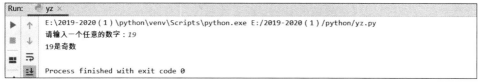

(a) 输入一个奇数

图 3.2　运行结果

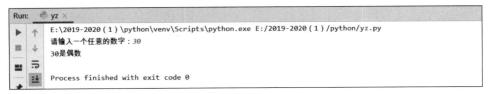

(b) 输入一个偶数

图 3.2 （续）

例 3.2 判断考试成绩是否及格。

分析：用户输入自己的考试成绩，判断是否及格。成绩大于等于 60 分则表示及格了，否则不及格。

程序如下：

```
score = int(input('请输入你的考试成绩:')
if score >= 60:
    print('恭喜你,你的成绩及格了!')
else:
    print('对不起,你没及格,加油!')
```

运行结果如图 3.3(a) 和图 3.3(b) 所示。

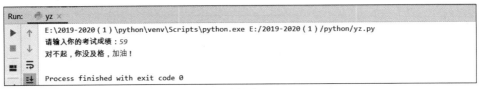

(a) 成绩低于60分

(b) 成绩大于等于60分

图 3.3 运行结果

3.1.2 省略 else 的 if 语句

前面介绍的 if-else 语句是实现两分支，如果两分支中一个分支不需要做任何事情，则需要执行空语句，此时就会浪费时间和精力，如果我们使用省略 else 的 if 语句来完成此种情况，则可以省时省力。其语句格式如下：

```
if 条件:
    语句1
    语句2
```

......
分支外的语句
......

以上格式可以看出，if后面的判断条件是非常重要的，省略else的if语句的重点是要判断使用哪一个条件，把不做任何事情的那种情况放在else中，执行语句的情况放在if中，其流程图如图3.4所示。

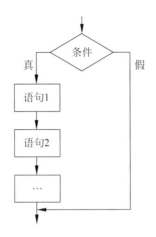

图3.4 省略else的if语句流程图

下面通过实例演示省略else的if语句的使用方法。

例3.3 判断一个数字是否为奇数，如果是则将其乘2以后输出，否则直接输出。

分析：用户输入任意一个数字，首先判断该数是奇数还是偶数，如果是偶数则直接输出，如果是奇数则需要处理后再输出。首先要选择判断条件，如果使用该数等于偶数作为判断条件，则if条件下的语句是输出，else条件下的语句为乘2然后输出，此时有一条重复语句就是输出，程序见方式一；可以将程序简化一下，将输出提取到分支语句之外，此时满足if条件什么都不需要做，下面的语句就是空语句(在本项目后面讲到的pass语句)，程序见方式二；大家可以发现使用该数等于偶数作为判断条件，程序都有点复杂，下面我们使用该数等于奇数作为判断条件，则不满足条件时什么都不需要做，因此else后面是空的，此时else是可以省略的，程序见方式三。

方式一：

```
x = int(input('请输入一个任意的数字:'))
if x % 2 == 0:
    print('您的数字是%d'% x)
else:
    x = x * 2
    print('您的数字是%d'% x)
```

方式二：

```
x = int(input('请输入一个任意的数字:'))
if x % 2 = = 0:
    pass
else:
    x = x * 2
print('您的数字是%d' % x)
```

方式三：

```
x = int(input('请输入一个任意的数字:'))
if x % 2!= 0:
    x = x * 2
print('您的数字是%d' % x)
```

三种方式的运行结果一样，如图 3.5(a)和图 3.5(b)所示。

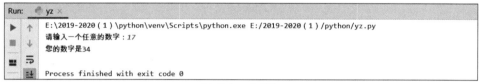

(a) 输入一个奇数

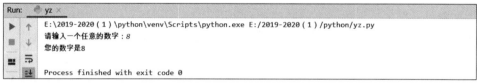

(b) 输入一个偶数

图 3.5　运行结果

通过程序代码的三种方式可以看出方式三是最简单、最精炼的一种方式，因此在有些情况下使用省略 else 的 if 语句是一种最好的选择。

3.1.3　if-elif 语句

前面介绍的都是实现两分支的分支语句，在现实生活中我们经常会遇到需要多分支的情况。譬如我们对学生的学习情况进行分类，90 分以上是优秀，70～89 分是良好，60～69 分是及格，59 分以下是不及格，此时我们需要分成四分支，在 C 语言或 Java 语言中可以使用 switch 语句或 if-else if 语句来实现，而 Python 语言中没有 switch 语句，因此只能使用 if-elif 语句实现，Python 语言的 if-elif 语句的格式如下：

```
if 条件：
    语句 1
    语句 2
    ……
```

```
    elif 条件:
        语句1
        语句2
        ……
    elif 条件:
        语句1
        语句2
        ……
    ……
    else:
        语句1
        语句2
        ……
分支外的语句
……
```

以上格式可以看出,多分支程序的写法需要判断多个条件,有多少个条件就可以使用多少个 elif 判断,不满足所有条件的语句放在 else 下面执行,其流程图如图 3.6 所示。

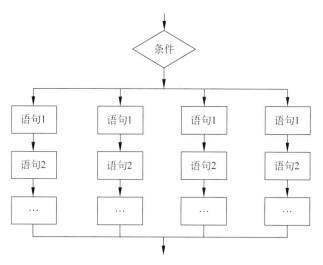

图 3.6 if-elif 语句流程图

下面通过实例演示 if-elif 语句的使用方法。

例 3.4 编程输出考试成绩的等级(90 分以上是优秀,70~89 分是良好,60~69 分是及格,59 分以下是不及格)。

分析:用户输入学生的考试成绩,根据学生成绩输出其等级,因此需要分成四分支进行讨论。具体分为>=90 分支、>=70 并且<90 分支、>=60 并且<70 分支、<60 分支,此时需要按顺序来判断,第一分支是>=90,第二分支是在不满足第一分支(即<90)的基础上判断,因此只需要判断是否>=70 即可,后面的分支判断同样的道理,所以可以写出具体的程序如下:

```
score = int(input('请输入你的考试成绩:')
if score > = 90:
    print('非常棒,你的成绩是优秀!')
elif score > = 70:
    print('还不错,你的成绩是良好!')
elif score > = 60:
    print('要努力了,你的成绩刚刚及格!')
else:
    print('对不起,你没及格,加油!')
```

运行结果如图 3.7(a)~(d)所示。

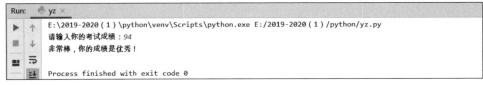

(a) 优秀

(b) 良好

(c) 刚刚及格

(d) 不及格

图 3.7 运行结果

3.1.4 if 语句嵌套

除了上述的 if-elif 语句可以实现多分支以外,还可以使用 if-else 语句的嵌套来实现。嵌套语句就是在流程控制语句中又嵌入控制语句,类似于在大圈中套中圈,中圈中又套了一个小圈。其中嵌套的层数没有限制,如果程序需要可以无限嵌套下去,只是过多地使用嵌套语句会影响程序运行的速度。

通过嵌套语句可以使程序更加有层次感,嵌套语句的执行顺序是从外到内。嵌套语句可以分为两种:一种是同一类型语句中的嵌套,即反复使用相同的控制语句实现嵌套的功能,例如 if 语句里面又含有 if 语句;另一种是不同的控制语句之间进行嵌套使用,这种方式是最常用的,几乎所有的程序都使用过这种嵌套方法,各个流程控制语句之间都可以嵌套使用,通过这种嵌套方法可以使程序更加灵活、实用。

不同的控制语句之间的嵌套在后面我们再讲,本节我们主要来讲解同一类型语句的嵌套,即 if 语句嵌套 if 语句。if 语句的嵌套也分为两种,一种是内层的语句嵌套在满足 if 条件的语句下面;另一种是内层的语句嵌套在不满足 if 条件的语句(或者说 else 的语句)下面。

内层的语句嵌套在满足 if 条件的语句下面的格式:

```
if 条件:
    if 条件:
        语句 1
        语句 2
        ……
    else:
        语句 1
        语句 2
        ……
else:
    语句 1
    语句 2
    ……
分支外的语句
……
```

内层的语句嵌套在 else 条件的语句下面的格式:

```
if 条件:
    语句 1
    语句 2
    ……
else:
    if 条件:
        语句 1
        语句 2
        ……
    else:
        语句 1
        语句 2
        ……
分支外的语句
……
```

根据以上格式可以看出,if 语句的嵌套可以嵌套在 if 中或者 else 中。除此之外还可以进行多层嵌套,多层嵌套跟双层嵌套类似,在双层嵌套的基础上,在内层再套入 if 语句,如果需要可以继续嵌套下去。但是一般情况下,多层嵌套用得比较少,主要需要用到双层嵌套,双层嵌套的流程图如图 3.8 所示。

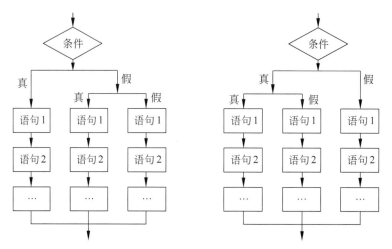

图 3.8 双层嵌套流程图

下面通过实例演示 if 语句嵌套的使用方法。

例 3.5 求一元二次方程 $ax^2+bx+c=0$ 的实数根,结果保留两位小数。

分析:一元二次方程 $ax^2+bx+c=0$ 的求根公式是 $x=\dfrac{-b\pm\sqrt{b^2-4ac}}{2a}$,因此要想求 x 的值,需要首先判断 a 的值是否为零,若为 0 则不是一元二次方程,若不为 0 则需要继续判断 b^2-4ac 的值,如果值是正的则方程有 2 个实数解,分别为 $x=\dfrac{-b+\sqrt{b^2-4ac}}{2a}$ 和 $x=\dfrac{-b-\sqrt{b^2-4ac}}{2a}$,如果是负的则方程无解,如果为 0 则方程有 1 个实数解 $x=\dfrac{-b}{2a}$。

代码如下:

```
a = int(input('请输入方程的系数 a = ')
b = int(input('请输入方程的系数 b = ')
c = int(input('请输入方程的系数 c = ')
print('方程式为:%d*x*x+ %d*x+ %d=0', %(a,b,c))
if a = = 0:
    print('输入有误,不是一元二次方程式!')
else:
    d = b*b-4*a*c
    if d>0:
        x1 = (-b+math.sqrt(d))/(2*a)
        x2 = (-b-math.sqrt(d))/(2*a)
        print('方程有 2 个实数根,分别是 x1 = %.2f 和 x2 = %.2f'%(x1,x2))
    elif d<0:
        print('方程式无解!')
```

```
else:
    x = (-b)/(2*a)
    print('方程有 2 个相同的实数根,分别是 x1 = x2 = %.2f' % x)
```

运行结果如图 3.9(a)~(d)所示。

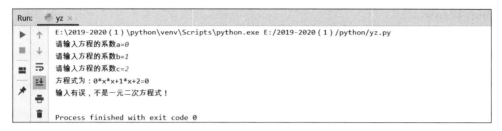

(a) 判断分支一

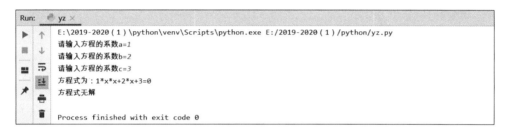

(b) 判断分支二

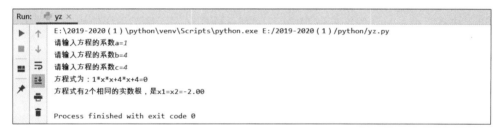

(c) 判断分支三

(d) 判断分支四

图 3.9 运行结果

3.1.5 判断多个条件

if-elif 语句和 if 的嵌套实现多分支时,需要考虑条件之间的关系,这样写出来的程序才能更高效、更简洁,但是编程思路稍显复杂而且要求必须清楚。大家如果想要思路简单,而且又必须编写多分支程序,可以使用判断多个条件的方式来实现。

具体的实现方法比较简单,就是将所有的条件都单独列出,互相之间没有关系即可。例3.4使用判断多个条件的方式实现,可以将每一个分数段单独判断,互相之间不关联。具体描述为:首先输入学生成绩,然后判断成绩在哪一个分数段,而且判断的顺序可以任意,具体的代码如下:

```
score = int(input('请输入你的考试成绩:')
if score >= 90:
    print('非常棒,你的成绩是优秀!')
if score >= 70 and score < 90:
    print('还不错,你的成绩是良好!')
if score >= 60 and score < 70:
    print('要努力了,你的成绩刚刚及格!')
if score < 60:
    print('对不起,你没及格,加油!')
```

以上程序的运行结果跟例3.4一样,不再演示。通过程序代码可以看出,使用判断多个条件的方法来实现多分支程序,程序编写思路非常简单,但是程序运行的效率不高,计算机在执行时会判断每一个条件,而不是执行一个满足的条件以后就退出,因此不符合程序编写的高效要求,所以这种方法适用于刚刚接触程序编写的菜鸟练习使用,当你真正入门以后尽量使用if-elif语句或if语句的嵌套。

以上讲述了编写分支程序的所有语句,大家可以根据实际情况选择使用哪种方法,但是在使用过程中需要注意以下几点:

(1) 条件表达式就是计算结果必须为布尔值的表达式。

(2) 不同于C语言和Java语言,Python语言的分支表达式不需要使用小括号,而是在表达式后面使用冒号。

(3) 满足某一条件的语句不需要使用大括号,但是属于同一级别的语句必须同一距离缩进。

(4) 不推荐使用判断多个条件的if语句实现多分支。

(5) 不推荐使用if语句的嵌套。

(6) 不同于C语言和Java语言,Python语言没有switch-case语句。

3.1.6 综合实例——体脂称

下面模拟一个体脂称,通过身高、体重等信息来测量体脂情况,具体分析如下:

(1) 输入你的身高、体重、年龄和性别。

(2) 判断你的年龄和性别是否正确,不正确则退出,正确继续。

(3) 根据你的身高、体重、年龄和性别计算你的体脂率,体脂率计算公式为:

BMI=体重(kg)/(身高×身高)(m)

体脂率=(1.2×BMI+0.23×年龄-5.4-10.8×性别(男:1 女:0))/100

(4) 判定你的体脂率是否在正常标准范围之内,正常成年人的体脂率标准分别是:

男性15%~18%,女性25%~28%。

（5）输出判断结果。

根据以上分析，代码如下：

```
personHeight = float(input("请输入身高(m):"))
personWeight = float(input("请输入体重(kg):"))
personAge = int(input("请输入年龄:"))
personSex = int(input("请输入性别(男:1,女:0):"))
BMI = personWeight / (personHeight * personHeight)
if not (0 < personAge < 150 and (personSex == 1 or personSex == 0)):
    print("数据不满足需求,程序退出")
    exit()
else:
    personTz = 1.2 * BMI + 0.23 * personAge - 5.4 - 18.8 * personSex
    personTz /= 100
    print('您的体脂率是%.2f'% personTz)
    if personSex == 1:
        print('男士的体脂率正常范围是 0.15 - 0.18,',end = '')
        if personTz > 0.18:
            print("您的身体不正常,体脂偏高,请注意!")
        elif personTz < 0.15:
            print("您的身体不正常,体脂偏低,请注意!")
        else:
            print("恭喜您,身体非常健康,请继续保持!")
    else:
        print('女士的体脂率正常范围是 0.25 - 0.28,',end = '')
        if personTz > 0.28:
            print("您的身体不正常,体脂偏高,请注意!")
        elif personTz < 0.25:
            print("您的身体不正常,体脂偏低,请注意!")
        else:
            print("恭喜您,身体非常健康,请继续保持!")
```

以上代码运行的结果如图 3.10 所示。

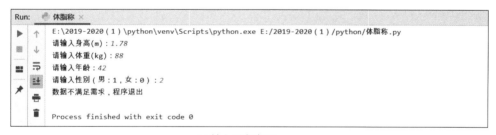

(a) 输入不准确(1)

(b) 输入不准确(2)

图 3.10 运行结果

```
E:\2019-2020（1）\python\venv\Scripts\python.exe E:/2019-2020（1）/python/体脂称.py
请输入身高(m)：1.65
请输入体重(kg)：65
请输入年龄：45
请输入性别（男：1，女：0）：0
您的体脂率是0.34
女士的体脂率正常范围是0.25-0.28，您的身体不正常，体脂偏高，请注意！

Process finished with exit code 0
```

(c) 女士结果(1)

```
E:\2019-2020（1）\python\venv\Scripts\python.exe E:/2019-2020（1）/python/体脂称.py
请输入身高(m)：1.65
请输入体重(kg)：60
请输入年龄：20
请输入性别（男：1，女：0）：0
您的体脂率是0.26
女士的体脂率正常范围是0.25-0.28，恭喜您，身体非常健康，请继续保持！

Process finished with exit code 0
```

(d) 女士结果(2)

```
E:\2019-2020（1）\python\venv\Scripts\python.exe E:/2019-2020（1）/python/体脂称.py
请输入身高(m)：1.70
请输入体重(kg)：60
请输入年龄：15
请输入性别（男：1，女：0）：0
您的体脂率是0.23
女士的体脂率正常范围是0.25-0.28，您的身体不正常，体脂偏低，请注意！

Process finished with exit code 0
```

(e) 女士结果(3)

```
E:\2019-2020（1）\python\venv\Scripts\python.exe E:/2019-2020（1）/python/体脂称.py
请输入身高(m)：1.77
请输入体重(kg)：90
请输入年龄：42
请输入性别（男：1，女：0）：1
您的体脂率是0.20
男士的体脂率正常范围是0.15-0.18，您的身体不正常，体脂偏高，请注意！

Process finished with exit code 0
```

(f) 男士结果(1)

```
E:\2019-2020（1）\python\venv\Scripts\python.exe E:/2019-2020（1）/python/体脂称.py
请输入身高(m)：1.77
请输入体重(kg)：80
请输入年龄：15
请输入性别（男：1，女：0）：1
您的体脂率是0.10
男士的体脂率正常范围是0.15-0.18，您的身体不正常，体脂偏低，请注意！

Process finished with exit code 0
```

(g) 男士结果(2)

图 3.10(续)

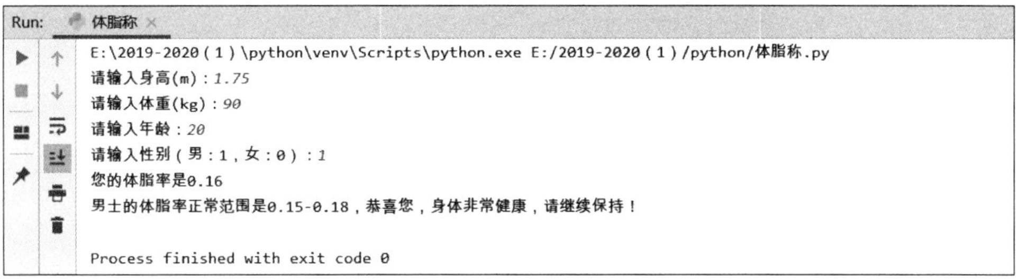

```
Run:  体脂称 ×
E:\2019-2020（1）\python\venv\Scripts\python.exe E:/2019-2020（1）/python/体脂称.py
请输入身高(m)：1.75
请输入体重(kg)：90
请输入年龄：20
请输入性别（男：1，女：0）：1
您的体脂率是0.16
男士的体脂率正常范围是0.15-0.18，恭喜您，身体非常健康，请继续保持！

Process finished with exit code 0
```

(h) 男士结果(3)

图 3.10(续)

3.2 循环语句

在现实生活中，我们除了需要做选择之外，很多工作还是需要重复的，例如交通灯的变化、商场收银员的工作等。程序中也是同样的，很多地方需要重复执行，也就是循环执行，譬如输出偶数或奇数、打印有规律的图案等。与 C 语言和 Java 语言一样，Python 语言也提供了两种语句来实现循环，分别是 for 循环语句和 while 循环语句，下面将进行详细讲解。

3.2.1 for 语句

在循环结构中最常用的一种循环语句就是 for 循环语句，for 循环语句一般用于实现已知循环次数的循环结构，可以循环遍历任何序列，如列表、元组和字符串等，其具体的语句格式如下：

```
for 变量 in 序列：
    语句1 ┐
    语句2 ├ 循环体
    ……  ┘
```

以上格式可以看出，for 的循环条件与 C 语言和 Java 语言的格式不同，没有小括号，而用冒号来代替，同时循环体不用大括号而是必须缩进相同。for 语句中的变量自动被设置为从列表的第一个元素开始，每执行一次循环体，变量就会自动加一指向下一个元素，直至变量指向列表的最后一个元素，执行完循环体以后，变量再加一，此时变量的值超出列表的范围，循环结束。for 循环语句的流程图如图 3.11 所示。

下面通过实例来演示 for 循环语句的使用。

例 3.6 输出 1～10 的数字。

分析：按照题目要求输出 10 个数字，可以使用列表[1,2,3,4,5,6,7,8,9,10]存放数字，然后使用 for 语句循环遍历列表，代码如下：

```
for i in [1,2,3,4,5,6,7,8,9,10]:
    print(i)
```

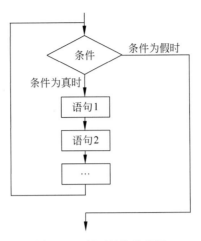

图 3.11　循环结构流程图

运行结果如图 3.12 所示。

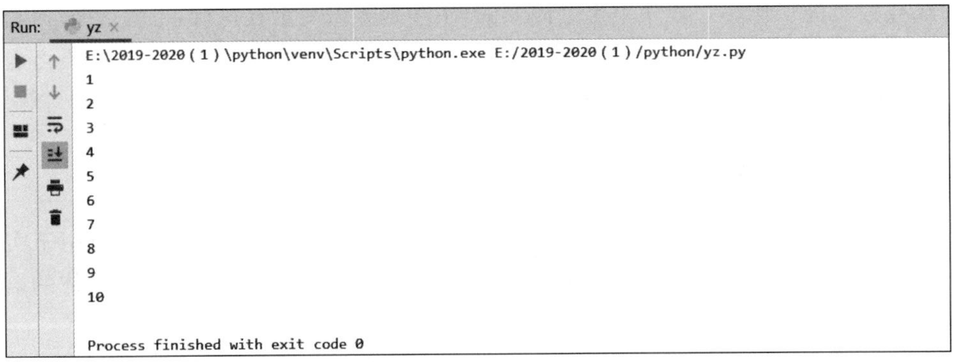

图 3.12　运行结果

上述方法使用的是列表的方式将数字全部列出来，但是这些数字是有序的并且有规律排列的，因此可以考虑使用 Python 语言中提供的内置函数 range 函数。range 函数可以生成一个有序的数字序列，其语法是：range(start,end,step＝1)，返回一个整数序列，其中 statr 为整数序列的起始值，end 为整数序列的结束值，在生成的整数序列中，不包含结束值，step 为整数序列中递增的步长，默认为 1。此例题使用 range 函数实现的程序代码如下，其运行结果与前一种方法完全一致。

```
for i in range(1,11):
    print(i)
```

例 3.7　求 $n!$，n 由用户输入。

分析：由数学公式可知：$n!=n×(n-1)×(n-2)×……×2×1$，因此可以使用 for 语句来实现求 $n!$。用户输入 n 以后，定义变量 sum 保存 $n!$ 的值，所以 sum 初值为 1，使用变量 i 来循环 n 值，首先 $i=1$，执行 sum＝sum×i，然后 $i+1$，再执行 sum＝sum×i…直至 $i=n$ 为止。由于 i 的变化是一个有序的序列，因此可以使用 range 函数，具体的程序代码如下：

```
n = int(input('请输入要求阶乘的数字:'))
print('你想求的是%d!'%n)
sum = 1
for i in range(1,n+1):
    sum = sum * i
print('%d!=%d'%(n,sum))
```

运行结果如图 3.13 所示。

图 3.13　运行结果

3.2.2　while 语句

while 语句与 for 语句类似,都是实现循环结构的,与 for 循环的区别是,while 循环需要判断条件不能迭代,for 循环的时候必须有一个可迭代的对象,才能循环,比如说得有一个列表或者字符串。另外,与 for 循环不同的是,while 循环一般多用于循环次数未知的情况,其语句基本格式如下:

```
while 条件:
    语句1
    语句2  循环体
    ……
```

当满足条件时,执行下面的循环体,其程序执行的流程图与 for 语句的流程图类似,如图 3.11 所示。下面通过实例来演示 while 循环语句的使用。

例 3.8　要求输入一个数字,原样输出,直至输入 0 结束。

分析:按照题目要求,如果用户输入的数字不是 0,就会一直原样输出,只有用户输入 0 的时候程序才会结束。因此使用 while 循环语句是最好的选择,设置条件为判断输入的数字是否为 0,程序代码如下:

```
n = int(input('请输入一个数字(如果为 0 结束):'))
while n!= 0:
    print('你输入的数字是:',n)
    n = int(input('请输入一个数字(如果为 0 结束):'))
```

运行结果如图 3.14 所示。

```
Run:  yz
E:\2019-2020（1）\python\venv\Scripts\python.exe E:/2019-2020（1）/python/yz.py
请输入一个数字（如果为0结束）：6
你输入的数字是： 6
请输入一个数字（如果为0结束）：9
你输入的数字是： 9
请输入一个数字（如果为0结束）：18
你输入的数字是： 18
请输入一个数字（如果为0结束）：900
你输入的数字是： 900
请输入一个数字（如果为0结束）：0

Process finished with exit code 0
```

图 3.14　运行结果

3.2.3　循环嵌套

循环嵌套跟前面讲的 if 语句的嵌套意思是一样的，即循环体中又含有循环，当然也可以多层嵌套，但是一般不提倡嵌套层数过多，双层循环即可。循环嵌套包括 for 语句嵌套 for 语句、while 语句嵌套 while 语句、for 语句嵌套 while 语句、while 语句嵌套 for 语句，所有循环的嵌套方式都是一样的，只是使用的语句不同而已，其流程图如图 3.15 所示。

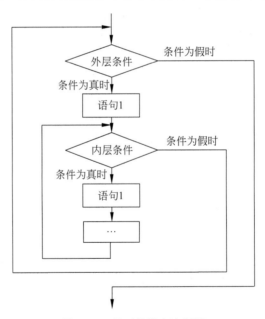

图 3.15　循环的嵌套流程图

由如图 3.15 所示流程图可以看出循环的嵌套的执行过程，具体使用 for 语句或 while 语句来实现，下面对各种语句的嵌套分别进行讲解。

1．for 语句的嵌套

前面我们讲的是单个 for 循环的使用，现在讲一下多层 for 之间的嵌套使用，虽说是多层，事实上 for 循环嵌套的层数也不能太多。通常为两个 for 循环的嵌套，超过两个的极少使用。与单个 for 循环相比,多个 for 循环的嵌套在逻辑上更复杂一点,但并不难懂,多层 for 循环嵌套的执行过程与单个 for 循环的执行过程是一模一样的。多层 for 循环的嵌套只不过是将单个 for 循环的循环体中的"语句"换成了 for 循环而已。

for 循环的双层嵌套执行过程如下:

(1) 首先求解外层 for 语句的条件表达式,如果条件为真,即满足条件,则进入循环体,进入循环体以后,执行内层 for 语句;否则不再进入循环体,整个循环结束。

(2) 执行内层 for 语句时,也是首先求解内层 for 语句的条件表达式,同样,如果满足条件则执行内层 for 语句的循环体;否则跳出内层循环,继续判断外层循环 for 语句的下一个条件是否为真。

其语句基本格式如下:

```
for 变量 in 序列:
    语句1
    语句2
    ……
    for 变量 in 序列:      ⎫
        语句1              ⎬ 外层循环体
        语句2  内层循环体   ⎪
        ……                ⎭
```

下面通过实例来演示 for 循环嵌套的使用。

例 3.9 求 1!+2!+3!+…+n!。

分析:例 3.7 求出的是 $n!$,而现在我们要求的是 1!+2!+3!+…+n!,也就是 i 从 1 变化到 n 的阶乘之和。因此我们把 $n!$ 作为整体,定义变量 a 保存 $n!$ 的值,sum 保存阶乘之和,所以 sum 初值为 0,可以使用变量 i 来循环实现,首先 $i=1$,执行 sum=sum+1!,然后 $i+1$,再执行 sum=sum+2!…直至 $i=n$ 为止。程序代码如下:

```
n = int(input('请输入要求阶乘的截止数字:'))
print('你想求的是 1!+ 2!+ …… + %d!' % n)
sum = 0
a = 1
for i in range(1,n + 1):
    for j in range(1,i + 1):
        a = a * j
    sum = sum + 
    a = 1
print('1! + 2! + …… + %d!= % d' % (n,sum))
```

运行结果如图 3.16 所示。

2. while 语句的嵌套

同 for 语句的嵌套类似,while 语句的嵌套是 while 的循环体里面还含有 while 循环。其语句基本格式如下:

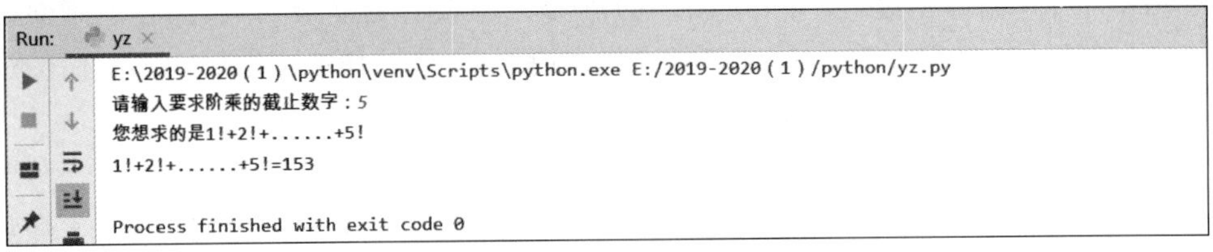

```
Run:    yz
    E:\2019-2020（1）\python\venv\Scripts\python.exe E:/2019-2020（1）/python/yz.py
    请输入要求阶乘的截止数字：5
    您想求的是1!+2!+……+5!
    1!+2!+……+5!=153
    Process finished with exit code 0
```

图 3.16　运行结果

```
while 条件：
    语句 1
    语句 2
    ……                  ⎫
    while 条件：         ⎬ 外层循环体
        语句 1  ⎫        ⎪
        语句 2  ⎬ 内层循环体
        ……    ⎭
```

while 循环的双层嵌套执行过程跟 for 循环的双层嵌套一样，兹不赘述。

下面通过实例来演示 while 循环嵌套的使用。

例 3.10　使用 while 语句的循环嵌套，打印如下图形。

```
*
**
***
****
*****
******
```

分析：从上面图形可以看出，此图形是一个三角形，并且三角形图形的规律是：第一行一个 *，第二行 2 个 *，第三行 3 个 *，直至第六行 6 个 *。此时我们可以首先使用循环实现行数的输出，每一行再使用循环输出具体个数的 *（每一行的 * 的个数取决于所在的行号）。程序代码如下：

```
i = 1
while i < 7：
    j = 0
    while j < i：
        print('* ',end = '')
        j = j + 1
    print('\n')
    i = i + 1
```

运行结果如图 3.17 所示。

3. for 与 while 的互相嵌套

同 for 语句和 while 语句的嵌套类似，for 与 while 互相嵌套就是 for 的循环体里面含有

图3.17 运行结果

while循环,或者的while循环体里面含有for循环。其语句基本格式如下。

(1) while嵌套for语句的格式。

```
while 条件:
    语句1
    语句2
    ……
        for 变量 in 序列:
            语句1
            语句2
            ……
    ……
```

(2) for嵌套while的格式。

```
for 变量 in 序列:
    语句1
    语句2
    ……
        while 条件:
            语句1
            语句2
            ……
    ……
```

下面通过实例来演示for与while互相嵌套的使用。

例3.11 求$1!+2!+3!+\cdots+n!$,直至其和超过1000为止。

分析:例3.9求的是$1!+2!+3!+\cdots+n!$,其中n的值由用户输入,因此是已知循环次数的,而现在我们要求的是$1!+2!+3!+\cdots+n!$,其中n的值未知,而是要求其和不能超过1000,所以循环结束的条件需要改变。同例3.9一样,我们把$n!$作为整体,定义变量a保存$n!$的值,sum保存阶乘之和,所以sum初值为0,此时也是使用变量i来循环实现,首先$i=1$,执行sum=sum+1!,然后判断sum的值是否小于等于1000,如果满足条件则$i+1$

继续循环,否则结束循环。程序代码如下:

```
sum = 0
a = 1
n = 1
while sum < 1000:
    for i in range(1, n + 1)
        a = a * i
    sum = sum + a
    a = 1
    n = n + 1
for i in range(1, n):
    a = a * i
sum = sum - a
print('1! + 2! + …… + %d!= %d' % (n - 2, sum))
```

运行结果如图 3.18 所示。

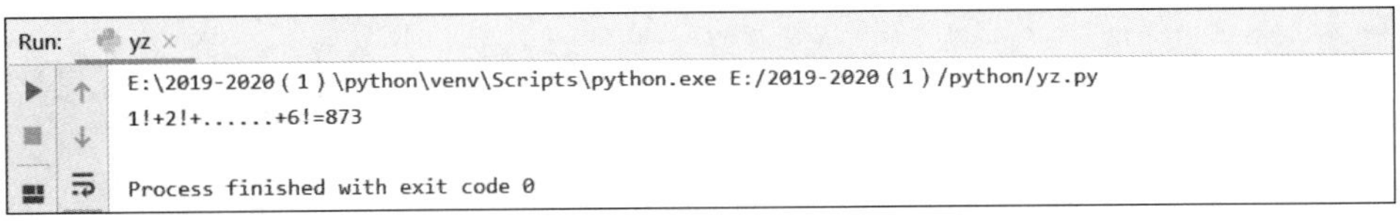

```
Run:    yz ×
  E:\2019-2020(1)\python\venv\Scripts\python.exe E:/2019-2020(1)/python/yz.py
  1!+2!+……+6!=873
  Process finished with exit code 0
```

图 3.18 运行结果

此程序的最后需要输出所求的阶乘之和,所以要注意循环结束的时候,你所求的阶乘之和已经大于 1000 了,因此要减掉最后一个数的阶乘;另外你所使用的 n 值在内层循环中多加了 1,最后所求的又多了 1,因此 n 值要减掉 2。

3.3 其他语句

3.3.1 break 语句

Python 语言的 break 语句,就像在 C 语言中一样,打破了最小封闭 for 或 while 循环。break 语句用来终止循环语句,即还满足循环条件或者序列还没被完全递归完,也会停止执行循环语句。break 语句用在 while 和 for 循环中。如果你使用的是嵌套循环,break 语句将停止执行本层的循环,并开始执行下一行代码。例如下面是一个普通的循环:

```
for i in range(5):
    print(i)
    print('-------')
```

当循环执行时输出 0~4 的五个数字,每个数字下面一行分割线。如果我们需要只输出前几个数字(如 0~2),则需要在指定时刻(执行完第三次循环的时候)结束循环,此时就需要用到 break 语句,代码如下:

```
for i in range(5):
    if i = = 3:
      break
    print(i)
    print('------- ')
```

下面通过实例来演示 break 语句的使用。

例 3.12　输出用户输入的字符串中第 4 个字母之前的所有字母。

分析：要输出用户输入的字符串中第 4 个字母之前的所有字母，首先接收字符串，然后使用循环逐个输出，直至第 4 个字母停止，可以使用变量 i 计数，从 1 开始，每输出一个字符 i 加 1，当 $i=4$ 时跳出循环。程序代码如下：

```
s = input('请输入任意字符:')
i = 1
for letter in s:
  if i = = 4:
    break
  print('当前字母:',letter)
  i = i + 1
```

运行结果如图 3.19 所示。

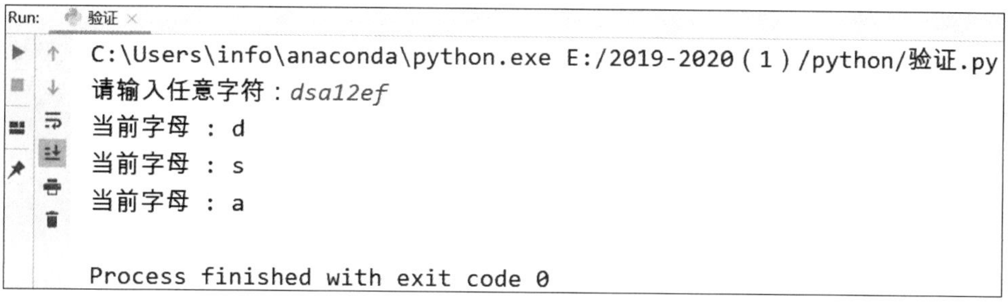

```
Run:   验证 ×
    C:\Users\info\anaconda\python.exe E:/2019-2020（1）/python/验证.py
    请输入任意字符: dsa12ef
    当前字母 : d
    当前字母 : s
    当前字母 : a

    Process finished with exit code 0
```

图 3.19　运行结果

3.3.2　continue 语句

Python 语言中 continue 语句的用法跟 C 语言中的用法相同，都是跳出循环，continue 语句是跳出本次循环，而 break 语句则是跳出整个循环。continue 语句用来告诉 Python 跳过当前循环的剩余语句，然后继续进行下一轮循环，用在 while 和 for 循环中。

例如，在 break 语句中的只输出前几个数学(0～2)的代码，如果修改为想输出除 3 以外的所有 0～4 的数字，则不能使用上述方法，需要将其中的 break 语句改为 continue 语句，改后的代码如下：

```
for i in range(5):
  if i = = 3:
    continue
```

```
    print(i)
    print('- - - - - - -')
```

此时,输出的结果是只有 0、1、2、4 四个数字。

下面通过实例来演示 continue 语句的使用。

例 3.13　用户输入的字符串,输出数字之外的所有字符。

分析:要输出用户输入的字符串中除数字之外的所有字符,首先接收字符串,然后使用循环逐个判断是否为数字,如果是数字则不输出,否则直接输出。程序代码如下:

```
s = input('请输入任意字符:')
for letter in s:
   if letter > = '1' and letter < = '9':
continue
   print('当前字母:',letter)
```

运行结果如图 3.20 所示。

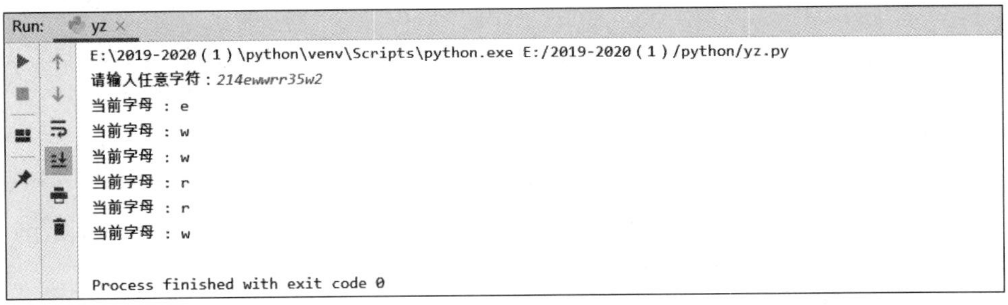

```
Run:    yz
E:\2019-2020（1）\python\venv\Scripts\python.exe E:/2019-2020（1）/python/yz.py
请输入任意字符: 214ewwrr35w2
当前字母 ：e
当前字母 ：w
当前字母 ：w
当前字母 ：r
当前字母 ：r
当前字母 ：w

Process finished with exit code 0
```

图 3.20　运行结果

注意:

(1) break 和 continue 语句只能用在循环结构中,不能单独使用。

(2) break 和 continue 语句用于嵌套循环时,只会对所处的当前层的循环起作用。

3.3.3　pass 语句

在实际开发中,有时候我们需要先搭建起程序的整体逻辑结构,而暂时不去实现其中的某些细节。针对此种情况,各种语言的处理方式大致相同,都是在这些不需要当时实现的地方使用空的语句,并且加上适当的注释,方便以后再添加代码。Python 语言的空语句是 pass 语句,pass 是 Python 中的关键字,用来让解释器跳过此处而不做任何事情,其作用除了保持程序结构的完整性以外,一般用作占位符。下面通过实例来演示 pass 语句的使用。

例 3.14　根据用户输入的年龄,输出相应的需要做的事情。

分析:根据题目要求,用户输入年龄后的相应操作使用输出对应的年龄段称呼,只有 30 岁到 50 岁的年龄段不输出称呼,但是要预留出来,以备以后添加内容。程序代码如下:

```
age = int(input('请输入你的年龄:'))
if age < 12:
    print('小孩')
elif age < 18:
    print('青少年')
elif age < 30:
    print('成年人')
elif age < 50:
    pass
    print('执行了 pass 块')
else:
    print('老年人')
```

运行结果如图 3.21 所示。

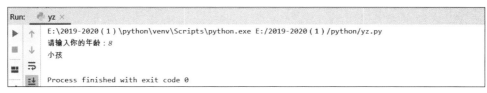

(a) 小孩

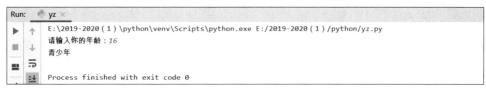

(b) 青少年

```
E:\2019-2020(1)\python\venv\Scripts\python.exe E:/2019-2020(1)/python/yz.py
请输入你的年龄:28
成年人

Process finished with exit code 0
```

(c) 成年人

```
E:\2019-2020(1)\python\venv\Scripts\python.exe E:/2019-2020(1)/python/yz.py
请输入你的年龄:47
执行了pass块

Process finished with exit code 0
```

(d) 执行pass

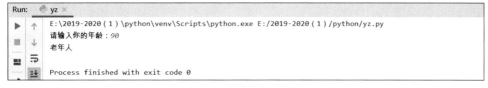

(e) 老年人

图 3.21 运行结果

3.4 异常语句

调试 Python 程序时,经常会报出一些异常,异常的原因一方面可能是写程序时由于疏忽或者考虑不周到而造成了错误,这时就需要根据异常追溯到出错点,进行分析改正;另一方面可能是外界原因导致的异常,这些异常很多是不可避免的,但我们可以对异常进行捕获处理,防止程序终止。为了处理这些情况,Python 语言提供了功能强大的异常处理机制。

3.4.1 异常简介

异常是程序在执行过程中产生的错误,如:输出一个未定义的变量、读取一个不存在的文件、列表索引越界、出现无效的语句等,例如以下代码运行时会产生如图 3.22 和图 3.23 的错误提示。

运行语句 print(x)会产生如下错误:

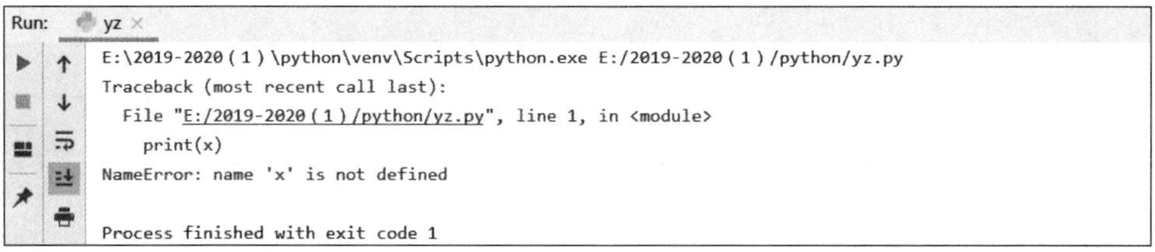

```
E:\2019-2020(1)\python\venv\Scripts\python.exe E:/2019-2020(1)/python/yz.py
Traceback (most recent call last):
  File "E:/2019-2020(1)/python/yz.py", line 1, in <module>
    print(x)
NameError: name 'x' is not defined

Process finished with exit code 1
```

图 3.22 错误提示

图 3.22 的错误提示显示变量 x 没有定义,而运行语句 open('1.csv','r')会产生如下错误:

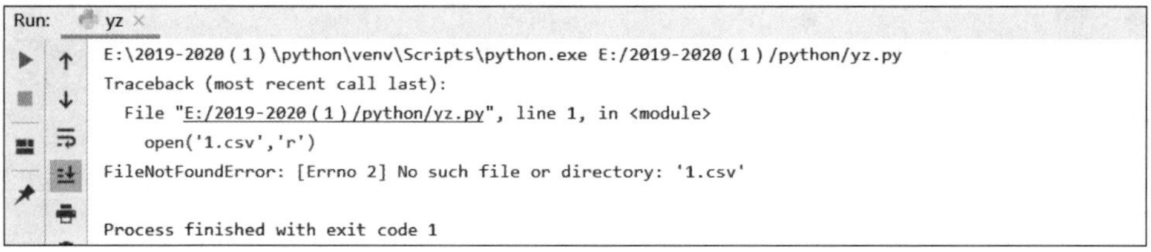

```
E:\2019-2020(1)\python\venv\Scripts\python.exe E:/2019-2020(1)/python/yz.py
Traceback (most recent call last):
  File "E:/2019-2020(1)/python/yz.py", line 1, in <module>
    open('1.csv','r')
FileNotFoundError: [Errno 2] No such file or directory: '1.csv'

Process finished with exit code 1
```

图 3.23 错误提示

图 3.23 的错误提示显示 1.csv 文件没有找到,由此可以看出,程序产生了异常直接终止了。因此,程序中如果遇到异常,不进行任何处理的话,程序就会直接终止,而不再执行后面的代码。

3.4.2 异常类

Python 中的所有异常类都是 Exception 的子类,都在 exceptions 模块中定义。Python 自动将所有异常名称放在内建命名空间中,所以程序不必导入 exceptions 模块即可使用异常。下面介绍几种常见的异常。

1. 内置异常

Python 的异常处理能力是很强大的,它有很多内置异常,可向用户准确反馈出错信息,BaseException 是所有内置异常的基类。异常一旦引发而且没有捕捉 SystemExit 异常,程序执行就会终止,如果交互式会话遇到一个未被捕捉的 SystemExit 异常,会话就会终止。

内置异常类的层次结构如下:

```
BaseException                                    # 所有异常的基类
+ - - SystemExit                                 # 解释器请求退出
+ - - KeyboardInterrupt                          # 用户中断执行(通常是输入?C)
+ - - GeneratorExit                              # 生成器(generator)发生异常来通知退出
+ - - Exception                                  # 常规异常的基类
      + - - StopIteration                        # 迭代器没有更多的值
      + - - StopAsyncIteration                   # 必须通过异步迭代器对象的_anext_()方法引
                                                   发以停止迭代
      + - - ArithmeticError                      # 各种算术错误引发的内置异常的基类
      |     + - - FloatingPointError             # 浮点计算错误
      |     + - - OverflowError                  # 数值运算结果太大无法表示
      |     + - - ZeroDivisionError              # 除(或取模)零 (所有数据类型)
      + - - AssertionError                       # 当 assert 语句失败时引发
      + - - AttributeError                       # 属性引用或赋值失败
      + - - BufferError                          # 无法执行与缓冲区相关的操作时引发
      + - - EOFError                             # 当 input()函数在没有读取任何数据的情况下
                                                   达到文件结束条件(EOF)时引发
      + - - ImportError                          # 导入模块/对象失败
      |     + - - ModuleNotFoundError            # 无法找到模块或在 sys.modules 中找到 None
      + - - LookupError                          # 映射或序列上使用的键或索引无效时引发的
                                                   异常的基类
      |     + - - IndexError                     # 序列中没有此索引(index)
      |     + - - KeyError                       # 映射中没有这个键
      + - - MemoryError                          # 内存溢出错误(对于 Python 解释器不是致命的)
      + - - NameError                            # 未声明/初始化对象 (没有属性)
      |     + - - UnboundLocalError              # 访问未初始化的本地变量
      + - - OSError                              # 操作系统错误,EnvironmentError,IOError,
                                                   WindowsError,socket.error,select.error 和
                                                   mmap.error 已合并到 OSError 中,构造函数可
                                                   能返回子类
      |     + - - BlockingIOError                # 操作将阻塞对象(如 socket)设置为非阻塞操作
      |     + - - ChildProcessError              # 在子进程上的操作失败
      |     + - - ConnectionError                # 与连接相关的异常的基类
      |     |     + - - BrokenPipeError          # 另一端关闭时尝试写入管道或试图在已关闭
                                                   写入的套接字上写入
      |     |     + - - ConnectionAbortedError   # 连接尝试被对等方终止
      |     |     + - - ConnectionRefusedError   # 连接尝试被对等方拒绝
      |     |     + - - ConnectionResetError     # 连接由对等方重置
      |     + - - FileExistsError                # 创建已存在的文件或目录
      |     + - - FileNotFoundError              # 请求不存在的文件或目录
      |     + - - InterruptedError               # 系统调用被输入信号中断
```

```
              |    + - -  IsADirectoryError        #在目录上请求文件操作(例如 os.remove())
              |    + - -  NotADirectoryError       #在不是目录的事物上请求目录操作(例如 os.
                                                    listdir())
              |    + - -  PermissionError          #尝试在没有足够访问权限的情况下运行操作
              | + - -  ProcessLookupError          #给定进程不存在
              |    + - -  TimeoutError             #系统函数在系统级别超时
              + - -  ReferenceError                #weakref.proxy()函数创建的弱引用试图访问已
                                                    经垃圾回收了的对象
              + - -  RuntimeError                  #在检测到不属于任何其他类别的错误时触发
              |    + - -  NotImplementedError      #在用户定义的基类中,抽象方法要求派生类重写
                                                    该方法或者正在开发的类指示仍然需要添加实际
                                                    实现
              |    + - -  RecursionError           #解释器检测到超出最大递归深度
              + - -  SyntaxError                   #Python 语法错误
              |  + - -  IndentationError           #缩进错误
              |       + - -  TabError              #Tab 和空格混用
              + - -  SystemError                   #解释器发现内部错误
              + - -  TypeError                     #操作或函数应用于不适当类型的对象
              + - -  ValueError                    #操作或函数接收到具有正确类型但值不合适的
                                                    参数
              |    + - -  UnicodeError             #发生与 Unicode 相关的编码或解码错误
              |       + - -  UnicodeDecodeError    # Unicode 解码错误
              |       + - -  UnicodeEncodeError    # Unicode 编码错误
              |       + - -  UnicodeTranslateError # Unicode 转码错误
              + - -  Warning                       #警告的基类
                 + - -  DeprecationWarning         #有关已弃用功能的警告的基类
                 + - -  PendingDeprecationWarning  #有关不推荐使用功能的警告的基类
                 + - -  RuntimeWarning             #有关可疑的运行时行为的警告的基类
                 + - -  SyntaxWarning              #关于可疑语法警告的基类
                 + - -  UserWarning                #用户代码生成警告的基类
                 + - -  FutureWarning              #有关已弃用功能的警告的基类
                 + - -  ImportWarning              #关于模块导入时可能出错的警告的基类
                 + - -  UnicodeWarning             #与 Unicode 相关的警告的基类
                 + - -  BytesWarning               #与 bytes 和 bytearray 相关的警告的基类
                 + - -  ResourceWarning            #与资源使用相关的警告的基类.被默认警告过滤
                                                    器忽略
```

2. requests 模块的相关异常

requests 是一个十分好用的模块,而 requests 模块中的内置异常在做爬虫时经常需要用到,因此我们讲解一下 requests 模块的内置异常。要调用 requests 模块的内置异常,只要在 import request 后面跟上 from requests.exceptions import xxx 就可以了,比如:

```
from requests.exceptions import ConnectionError, ReadTimeout
```

或者也可以这样写:

```
from requests import ConnectionError, ReadTimeout
```

requests 模块的相关异常的层次结构如下：

```
IOError
+ - - RequestException                              # 处理不确定的异常请求
        + - - HTTPError                             # HTTP 错误
        + - - ConnectionError                       # 连接错误
        |       + - - ProxyError                    # 代理错误
        |       + - - SSLError                      # SSL 错误
        |       + - - ConnectTimeout( + - - Timeout) # (双重继承,下同)尝试连接到远程
                                                      服务器时请求超时,产生此错误的
                                                      请求可以安全地重试.
        + - - Timeout                               # 请求超时
        |       + - - ReadTimeout                   # 服务器未在指定的时间内发送任何
                                                      数据
        + - - URLRequired                           # 发出请求需要有效的 URL
        + - - TooManyRedirects                      # 重定向太多
        + - - MissingSchema( + - - ValueError)      # 缺少 URL 架构(例如 http 或 https)
        + - - InvalidSchema( + - - ValueError)      # 无效的架构,有效架构请参见 defaults.py
        + - - InvalidURL( + - - ValueError)         # 无效的 URL
        |       + - - InvalidProxyURL               # 无效的代理 URL
        + - - InvalidHeader( + - - ValueError)      # 无效的 Header
        + - - ChunkedEncodingError                  # 服务器声明了 chunked 编码但发送
                                                      了一个无效的 chunk
        + - - ContentDecodingError( + - - BaseHTTPError) # 无法解码响应内容
        + - - StreamConsumedError( + - - TypeError) # 此响应的内容已被使用
        + - - RetryError                            # 自定义重试逻辑失败
        + - - UnrewindableBodyError                 # 尝试倒回正文时,请求遇到错误
        + - - FileModeWarning( + - - DeprecationWarning) # 文件以文本模式打开,但 Requests
                                                      确定其二进制长度
        + - - RequestsDependencyWarning             # 导入的依赖项与预期的版本范围不
                                                      匹配
Warning
+ - - RequestsWarning                               # 请求的基本警告
```

3. 用户自定义异常

除了使用 Python 内置的异常类之外,你也可以通过创建一个新的异常类拥有自己的异常,异常应该是通过直接或间接的方式继承自 Exception 类。

3.4.3 异常处理

当发生异常时,我们就需要对异常进行捕获,然后进行相应的处理。Python 的异常捕获常用 try…except…结构,把可能发生错误的语句放在 try 模块里,用 except 来处理异常,每一个 try,都必须至少对应一个 except。其异常处理的结构有以下几种：

1. try…except 结构

try…except 结构是异常处理结构中最常见也是最基本的结构。其中 try 子句中的代码

块包含可能出现的语句,而 except 子句中的代码块用来处理异常。如果 try 中的代码块没有出现异常,则继续往下执行异常处理结构后面的代码;如果出现异常并且被 except 子句捕获,则执行 except 子句中的异常处理代码;如果出现异常但是没有被 except 捕获,则继续往外层抛出;如果所有层都没有捕获并处理该异常,则程序终止并将该异常抛给最终用户。语法结构如下:

```
try:
    try 块
except Exception[as reason]:
    exception 块
```

如果要捕获所有类型异常,可以使用 BaseException,即 Python 异常类的基类,代码格式如下:

```
try:
    try 块
except BaseException as e:
    exception 块
```

2. try…except…else 结构

带 else 子句的异常处理结构是一种特殊形式的选择结构。如果 try 中的代码抛出了异常,并且被某个 except 捕获,则执行相应的异常处理代码,这种情况下不会执行 else 中的代码,依赖于 try 代码块成功执行的代码都应该放到 else 代码块中;如果 try 中的代码没有抛出任何异常,则执行 else 块中的代码。

工作原理:Python 尝试执行 try 代码块中的代码;只有可能引发异常的代码才需要放在 try 语句中。有时候,有一些仅在 try 代码块成功执行时才需要运行的代码,这些代码应放在 else 代码块中。except 代码块告诉 Python,如果尝试运行 try 代码块中的代码时引发了指定的异常,通过预测可能发生错误的代码,编写健壮的程序,它们即使面临无效数据或缺少资源,也能继续运行,从而能抵御无意的用户错误和恶意的攻击。

3. 带有多个 except 的 try 结构

在实际开发中,同一段代码可能会抛出多个异常,需要针对不同的异常类型进行相应处理。为了支持多个异常的捕捉和处理,Python 提供了带有多个 except 的异常处理结构,类似于多分支选择结构。一旦某个 except 捕获了异常,则后面剩余的 except 子句将不会再执行。

将要捕获的异常写在一个元组中,可以使用一个 except 语句捕获多个异常,并且共用同一段异常处理代码,当然,除非确定要捕获的多个异常可以使用同一段代码来处理,否则并不建议这样做。

4. try…except…finally 结构

try…except…finally 结构中的 finally 后面的语句块无论是否发生异常都会执行,常用来做一些清理工作以释放 try 语句中申请的资源。

需要注意的问题是，如果 try 子句中的异常没有被捕获和处理，或者 except 子句或 else 子句中的代码出现了异常，那么这些异常将会在 finally 子句执行完成后再次抛出。finally 中的代码也可能会抛出异常，使用带有 finally 子句的异常处理结构时，应尽量避免在子句中使用 return 语句，否则可能会出现出乎意料的错误。

5．断言

Python 在 unittest.TestCase 类中提过了很多断言的方法。断言方法检查你认为该满足的条件是否确实满足。如果不满足 Python 将引发异常。

语法：

```
assert expression[,reason]
```

assert 语句一般用于对程序某个时刻必须满足的条件进行验证，仅当 debug 为 True 时有效。当 Python 脚本以_()选项编译为字节码文件时，assert 语句将被移除以提高运行速度。

6．上下文管理

使用上下文管理语句 with 可以自动管理资源，在代码块执行完毕后自动还原进入该代码块之前的现场或上下文。不论何种原因跳出 with 块，也不论是否发生异常，总能保证资源被正确释放，大大简化了程序员的工作，常用于文件操作、网络通信之类的场合。

with 语句的语法如下：

```
with context_expr [as var]:
    with 块
```

7．用 sys 模块回溯最后的异常

当发生异常时 Python 会回溯异常，给出大量的提示，可能会给程序员的定位和纠错带来一定的困难，这时可以使用 sys 模块回溯最近一次异常。语法为：

```
import sys
try:
    block
except:
    t = = sys.exc_info()
    print(t)
```

sys.exc_info()返回值是一个三元组(type,value/message,traceback)。其中，type 表示异常的类型，value/message 表示异常的信息或者参数，而 traceback 则包含调用栈信息的对象。

sys.exc_info()可以直接定位最终引发异常的原因，结果比较简洁，但是缺点是难以直接确定引发异常的代码位置。

下面通过实例来演示几种异常的使用。

例 3.15 爬取百度新闻首页:http://news.baidu.com/

```
import requests
from requests import ConnectionError, ReadTimeout
try:
    response = requests.get('https://news.baidu.com', timeout = 1)
    if response.status_code == 200:
        print(response.text)
    else:
        print('获取页面失败 ', response.status_code)
except (ConnectionError, ReadTimeout):
    print('爬网失败', 'https://news.baidu.com')
```

运行结果如图 3.24 所示。

```
C:\Users\info\Anaconda3\python.exe E:/2019-2020（1）/python/爬取百度网页.py
<!doctype html>
<html class="expanded">
<head>

<!--STATUS OK-->
<meta http-equiv=Content-Type content="text/html;charset=utf-8">
<meta http-equiv="X-UA-Compatible" content="IE=Edge,chrome=1">
<link rel="icon" href="//gss0.bdstatic.com/5foIcy0a2gI2n2jgoY3K/static/fisp_static/common/img/favicon.ico" mce

<title>百度新闻——海量中文资讯平台</title>
<meta name="description" content="百度新闻是包含海量资讯的新闻服务平台,真实反映每时每刻的新闻热点。您可以搜索新闻事件、
<script type="text/javascript">
<li><a href="https://www.baidu.com/" data-path="s?wd=">网页</a></li>
<li style="margin-left:21px;"><span>新闻</span></li>
<li><a href="http://tieba.baidu.com/" data-path="f?kw=">贴吧</a></li>
<li><a href="https://zhidao.baidu.com/" data-path="search?ct=17&pn=0&tn=ikaslist&rn=10&lm=0&word=">知道</a></li>
<li><a href="http://music.baidu.com/" data-path="search?fr=news&ie=utf-8&key=">音乐</a></li>
<li><a href="http://image.baidu.com/" data-path="search/index?ct=201326592&cl=2&lm=-1&tn=baiduimage&istype=2&f
<li><a href="http://v.baidu.com/" data-path="v?ct=301989888&ie=utf-8&s=2&word=">视频</a></li>
<li><a href="http://map.baidu.com/" data-path="?newmap=1&ie=utf-8&s=s%26wd%3D">地图</a></li>
<li><a href="http://wenku.baidu.com/" data-path="search?ie=utf-8&word=">文库</a></li>
```

图 3.24　运行结果

图 3.24 的运行结果是爬取百度新闻首页的部分结果,后面还有大量的结果未展示,但是由此可以看出爬取网页的语句在 try 中,出现异常的处理语句在 except 中。

例 3.16 判断输入的内容是否异常,无异常则正常输出,有异常则进行处理。具体程序代码如下:

```
try:
    text = input('Enter something - ->')
except EOFError:
    print('Why did you do an EOF on me?')
except KeyboardInterrupt:
    print('You canceled the operation.')
else:
    print('You entered',format(text))
```

运行结果如图 3.25 所示。

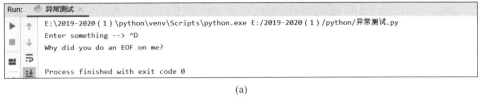

(a)

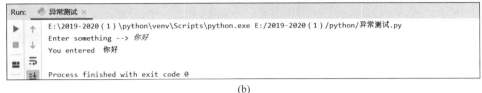

(b)

图 3.25　运行结果

该实例使用的是 try…except…else 结构，如果 try 中的代码抛出了异常，并且被某个 except 捕获，则执行相应的异常处理代码，这种情况下不执行 else 中的代码；如果 try 中的代码没有抛出任何异常，则执行 else 块中的代码。

3.4.4　异常抛出

在 Python 中，程序运行出现错误的时候会引发异常，但是我们也可以主动地抛出异常，主动抛出异常的方式主要是使用 raise 语句。

使用 raise 语句主动抛出异常的意思是开发者可以自己制造程序异常，这里的程序异常不是指发生了内存溢出、列表越界访问等系统异常，而是指程序在执行过程中，发生了用户输入的数据与要求数据不符、用户操作错误等问题，这些问题都需要程序进行处理并给出相应的提示。处理这些问题多使用判断语句，在判断语句体内进行相应的问题处理，如果处理问题的语句过多，就会导致代码复杂化，代码结构不够清晰。在这种情况下，可以创建自己的异常，使用 raise 语句主动抛出异常，由异常处理语句块进行处理。

raise 语句的格式是：

```
raise [someException [,args[,traceback]]]
```

第一个参数 someException 是触发异常的名称，异常名称是 Python 提供的标准异常中的任何一种；第二个参数 args 是可选的，args 可以是一个元组，也可以是单独的字符串。大多数情况下，单一的字符串用来指示错误发生的原因。如果传的是元组，通常的组成是一个错误字符串、一个错误编号、一个处理错误的函数地址等；第三个参数是一个 traceback 对象，它也是可选的，实际上这个参数很少使用，主要是用于跟踪错误记录。

下面通过实例来演示使用 raise 语句抛出异常的方法。

例 3.17　用户登录实例。

分析：之前的用户登录都使用分支结构的 if 语句来判断输入的用户名或密码是否错误，本实例使用异常的方式来处理用户名或密码输入错误的问题，当用户名或密码输入错误时作为异常抛出。具体程序代码如下：

```
try:
    name = input('请输入用户名:')
    if name!= '张三':
        raise Exception('用户名错误!')
    psw = input('请输入密码:')
    if psw!= '123456':
        raise Exception('密码错误!')
except Exception as e:
    print(e)
```

运行结果如图 3.26 所示。

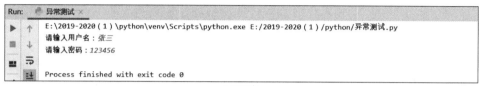

(a) 正确

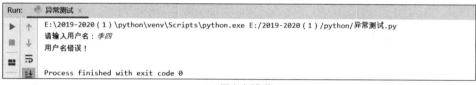

(b) 用户名错误

(c) 密码错误

图 3.26　运行结果

3.4.5　自定义异常

实际开发中,有时候 Python 系统提供的异常类型不能满足开发的需求,跟 Java 一样,Python 也可以自定义异常,异常类继承自 Exception 类,可以直接继承,或者间接继承,并且可以手动抛出。注意,自定义异常只能由自己抛出(即使用前面讲过的 raise 语句抛出),Python 解释器是不知道用户自定义异常是什么东西的。

下面通过实例来演示自定义异常的使用。

例 3.18　自定义异常代码如下。

```
class HelloError(Exception):
    def __init__(self, n):
        self.n = n
```

```
try:
    n = input("请输入数字:")
    if not n.isdigit():
        raise HelloError(n)
except HelloError as hi:
    print("HelloError:请输入数字!\n 您输入的是:", hi.n)
else:
    print("未发生异常")
```

运行结果如图 3.27 所示。

(a) 正确结果

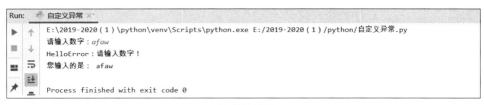

(b) 错误结果

图 3.27 运行结果

在这里给出一个简单的自定义异常类的模板,大家可以参考使用。

```
class CustomError(Exception):
    def __init__(self,ErrorInfo):
        super().__init__(self)         #初始化父类
        self.errorinfo = ErrorInfo
    def __str__(self):
        return self.errorinfo

try:
    raise CustomError('客户异常')
except CustomError as e:
    print(e)
```

三、项目实现

本项目主要使用了循环语句、分支语句以及 break 语句和 continue 语句,并且使用了语句的嵌套。根据项目的具体实现情况,循环语句采用了 while 语句,具体程序代码如下:

```python
while True:
    num = input("请输入一个三位整数:")
    if len(num) == 3:                        # 这一步是判断是否为三位数,整除只要百位不为 0,就
                                             #   是三位数,这种方法是基于对字符串长度的判断
        num = int(num)
        geWei = num % 10                     # 取得个位数值
        baiWei = num//100                    # 取得百位数值
        shiWei = (num % 100//10)             # 取得十位数值
        if baiWei ** 3 + shiWei ** 3 + geWei ** 3 == num:      # 判断是否为水仙花数
            print("您输入的", num, "为水仙花数")
        else:
            print("您输入的", num, "不是水仙花数,请重新输入")
    else:
        print("您输入的数值不是三位数,请重新输入")
    isQ = input("请问您是否继续输入?退出请按 q,继续请按任意键")    # 用户退出条件
    if isQ == "q":
        break
    else:
        continue
```

运行结果如图 3.28 所示。

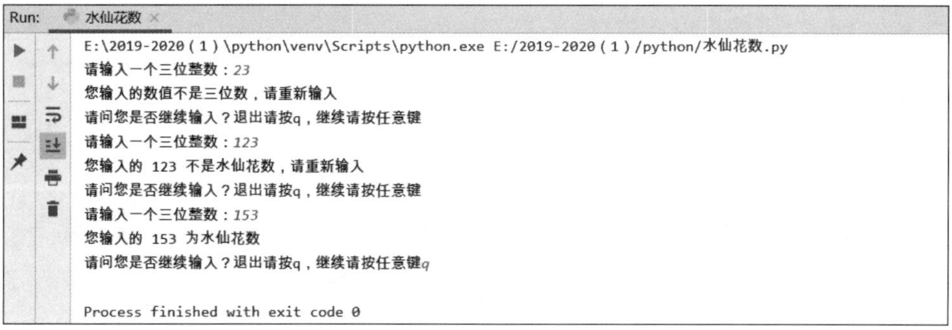

图 3.28　运行结果

四、项目总结

本项目介绍了 Python 语言的编程基础——语句,主要讲解了分支语句中的 if 语句,循环语句中的 for 语句和 while 语句,其他语句包括 break 语句、continue 语句和 pass 语句,异常的基本概念以及处理异常和抛出异常的方法,抛出异常的 raise 语句和 assert 语句。在 Python 语言开发中,分支语句和循环语句的使用是主体,因此我们必须着重理解并多加练习,以做到掌握它们并熟练运用。

五、项目拓展

(1) 编程实现判断是工作日还是休息日。

提示:用户输入周几,判断是工作日还是休息日,如果是周一到周五则为工作日,否则为休息日。

(2) 编程输出九九乘法表。

(3) 编程实现"百钱百鸡"问题。

提示:"百钱买百鸡"是中国古代一个著名的枚举法题目。所谓枚举就是将所有可能的情况全部列出来的意思。for 循环嵌套是实现枚举的一种手段,上面的换算也是一种枚举。假设公鸡 5 元一只,母鸡 3 元一只,小鸡 1 元 3 只,现在给你 100 元,要你买回 100 只鸡,求出公鸡、母鸡、小鸡分别为多少只。

(4) 求出用 50 元、20 元和 10 元换算 100 元有几种方式?

提示:100 元单用 50 换算,最多需要两张;用 20 元换算,最多需要五张;用 10 元换算最多需要十张。

(5) 自定义一个异常,实现用户注册账户时设置密码的长度不能小于六位。

提示:首先自定义一个异常类,其初始化函数的参数包括用户输入的长度和设置的最小长度;然后书写主程序,在主程序中使用 try…except…else 结构,使用 raise 语句调用自定义的异常类将设置的密码长度小于六位时的情况抛出。

课后习题

1. 选择题

(1) 下列 Python 语句正确的是(   )。

A. min = x if x < y else y   B. max = x > y and x : y

C. if (x > y) print x   D. while True: pass

(2) 以下程序的运行结果是(   )。

```
s = 'BJTU'
for i in s:
    if i = = 'J':
        continue
    print(i)
print(i,end = '')
```

A. BTU   B. BT   C. BJT   D. BJ

(3) 以下程序的运行结果是(   )。

```
def score(x):
    if x >= 90:
        return 'A'
    if x >= 80 and x < 90:
        return 'B'
    if x >= 70 and x < 80::
        return 'C'
```

```
        if x >= 60 and x < 70::
            return 'D'
        if x < 60:
            return 'F'
print(score(89))
```

A. 'A' 　　　　B. 'B' 　　　　C. A 　　　　D. B

(4) 以下程序的运行结果是（　　）。

```
def sort(x,y,z):
    if x < y:
        x,y = y,x
    if x < z:
        x,z = z,x
    if y < z:
        y,z = z,y
    return x,y,z
print(sort(5,7,1))
```

A.（1,5,7）　　B.（5,7,1）　　C.（7,5,1）　　D.（7,1,5）

(5) 下面程序的运算结果是（　　）。

```
s = 0
for i in range(102):
    s = s + i
print(s)
```

A. 5050　　　B. 5151　　　C. 5000　　　D. 4950

(6) 下面不属于程序的基本结构的是（　　）。

A. 顺序结构　　B. 选择结构　　C. 循环结构　　D. 输入输出结构

(7) 下列不是分支语句的是（　　）。

A. if-else 语句　　　　　　　　B. 省略 else 的 if 语句

C. if-elif 语句　　　　　　　　D. switch 语句

(8) 程序在执行过程中产生的错误是（　　）。

A. 分支　　　B. 循环　　　C. 异常　　　D. 错误

(9) 主动抛出异常的方式主要是使用（　　）语句。

A. for　　　B. if　　　C. raise　　　D. while

(10) Python 中的所有异常类都是（　　）的子类。

A. Exception　　B. class　　C. object　　D. main

2．判断题

(1) While 语句与 for 语句都是循环语句。（　　）

(2) for 语句可以遍历字符串。（　　）

(3) break 能直接跳出 for 循环但是不能跳出 while。（　　）

(4) 多分支语句可以通过单分支或者二分支语句实现。(　　)

(5) for 语句可以确定循环次数。(　　)

(6) while 语句可以确定循环次数。(　　)

(7) continue 语句可以跳出整个 for 循环。(　　)

(8) Python 语言的空语句是 pass 语句。(　　)

(9) 异常就是程序错误。(　　)

(10) break 和 continue 语句只能用在循环结构中,不能单独使用。(　　)

3. 填空题

(1) 在 Python 中,能实现多分支的语句有_____、_____。

(2) Python 中的循环语句有_____语句和_____语句。

(3) Python 语言中_____语句是跳出整个循环,而_____语句跳过当前循环的剩余语句。

(4) Python 语言的空语句是_____语句。

(5) Python 的异常捕获常用_____结构,把可能发生错误的语句放在_____模块里,用_____来处理异常。

(6) Python 中自动管理资源使用的是上下文管理语句_____。

(7) Python 可以自定义异常,自定义的异常类继承自_____类。

4. 简答题

(1) 以下程序的运行结果是(　　)。

```
t = (6,7,8,9,10)
s = 0
for i in t:
    s = s + i
```

(2) 以下程序的输出结果是(　　)。

```
x = 2
y = 0
try:
    z = x/y
    print(z)
except ZeroDivisionError:
    print('error')
```

(3) 简述异常处理的几种结构。

(4) 简述 for 语句与 while 语句的异同点。

项目 4

打印万年日历
——Python函数与模块

一、项目分析

(一) 项目描述

万年日历是生活中不可缺少的工具,如图 4.1 所示,万年日历函数可打印出任何一年的日历,在输入要打印的年份后需要判断该年份是否是闰年,接着从一月到十二月按照月份依次打印出一年的日历,打印一个月的日历首先计算要打印月份的最大天数,要打印月份的第一日是星期几,每七日换一行打印。具体要实现的功能函数描述如下。

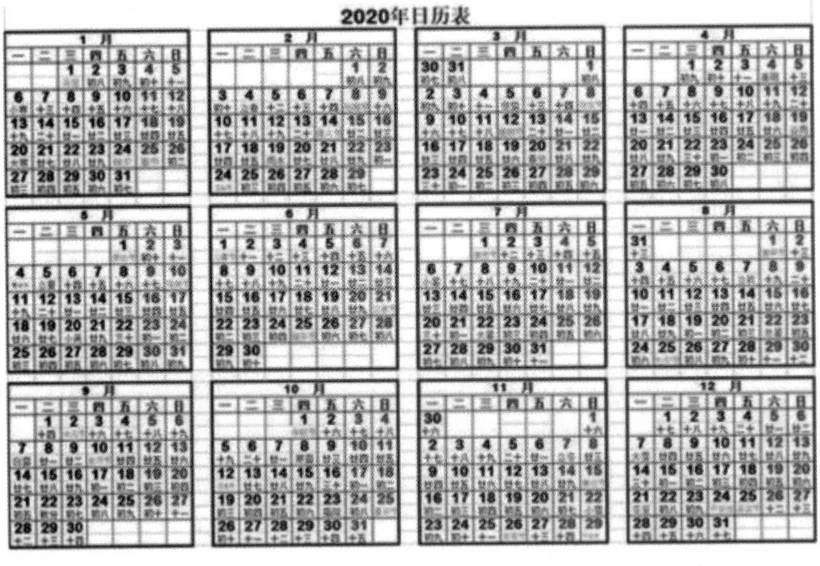

图 4.1 万年历

1. 闰年判断函数

判断输入的年份是否是闰年,闰年分为普通闰年和世纪闰年。年份是 4 的倍数的,且不是 100 的倍数,为普通闰年。年份是 400 的倍数才是世纪闰年。其他年份则为平年。则判

断某年 y 是否是闰年,只要满足下面的两个条件之一即可:

（1） y 可以被 4 整除,同时不能被 100 整除。

（2） y 可以被 400 整除。

2. 求某月的最大天数

不同月份最大天数是不同的,其中 1、3、5、7、8、10、12 月为 31 天,2 月如果是闰年则为 29 天,如果是平年则为 28 天,其他月份为 30 天。

3. 判断某月 1 日是星期几函数

要打印 y 年 m 月的日历,必须要知道 y 年 m 月 1 日是星期几,才能顺利打印本月的日历。根据日历历法的规则可以知道其计算方法,也就是要先知道这一天是该年的第几天。

4. 按月份打印日历函数

通过计算出每月的第 1 日是星期几后便可以进行打印该月份的日历了,可以设置每行七日依次打印,关键是要控制好输出的格式即可。

（二）项目目标

- 掌握函数的定义、参数与返回值。
- 掌握 Python 局部变量和全局变量的使用。
- 掌握函数的调用关系以及参数的传递规则。
- 掌握参数默认值的使用规则。
- 编写使用自定义模块,加深对系统模块的认识。

（三）项目难点

重点：
- 函数的定义。
- 函数变量的使用。
- 函数的调用。
- 模块的定义和使用。

难点：
- 函数局部变量和全局变量的使用及其有效范围。
- 函数调用过程中的参数传递。

二、知识加油站

函数是程序设计中重要的一部分,是为了使代码效率最大化,减少冗余而提供的最基本的程序结构。在大型程序中,同一程序段代码可能会被重复使用,使用函数封装这些重复使用的程序段,可以使程序更加清晰。Python 语言把一个问题划分成多个模块,分别对应一个个函数,在 Python 中已经内置了许多实用性很强的函数,用户可以直接调用。另外,在程序中用户也可以根据实际需要自定义函数,然后再调用。

4.1 Python 函数

4.1.1 函数的定义和调用

在 Python 中,定义一个函数要使用 def 语句,依次写出函数名、括号、括号中的参数和冒号,然后在缩进块中编写函数体,函数的返回值使用 return 语句返回。具体定义格式如下:

```
def 函数名称(参数列表):
    函数体
```

在 Python 函数定义中需要特别注意如下几点:

(1) def 是定义函数的关键词,是英文单词 define 的简写。

(2) 函数名称的命名规则必须符合 Python 中标识符命名的基本规则,函数名一般由字母、数字和下画线构成。

(3) 函数名称后面是英文状态圆括号,可以有很多参数,也可以没有参数,它们都是函数的变量,这些参数称为函数的形式参数(简称形参)。

(4) 函数体是函数的程序代码,它的位置相对于 def 关键字缩进四个空格或者一个制表符。

定义了函数之后,就相当于有了一段具有特定功能的代码,想要让这些代码能够执行,需要调用函数。调用函数的方法很简单,通过"函数名()"即可完成调用。

例 4.1 打印信息的函数。

```
#定义一个函数,能够完成打印信息的功能
def print_info():
    print('hello python!')
#调用函数
print_info()
```

运行结果如图 4.2 所示。

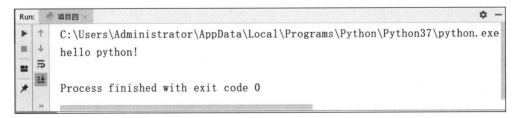

图 4.2 运行结果

4.1.2 函数参数与返回值

1. 函数设置参数的作用

在学习函数参数之前我们先来明确一下为什么要设置参数。例如现在要定义一个函

数,这个函数用于两个数的和,并打印计算结果。代码如下:

例 4.2 调用 add 函数求两数的和。

```
#函数定义
def add():
    c = 10 + 20
    print("两数的和是:",c)
#函数调用
add()
```

运行结果如图 4.3 所示。

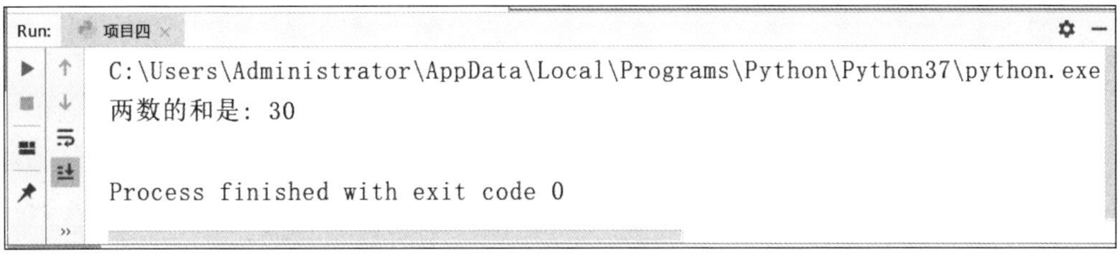

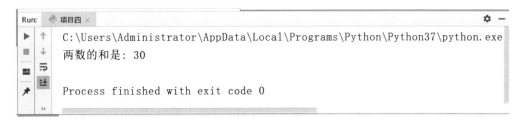

图 4.3 运行结果

以上函数可以实现计算 10 加 20 的和,此时,无论调用该函数多少次,得到的结果都是一样的,此函数只能计算两个固定数值的和,使得此函数的局限性很大,我们想要的是计算任意两个数值的和,那么这时候就需要在定义函数的时候添加两个参数,来接收传递给函数的数值,添加了参数的函数定义如下:

```
#函数定义
def add(a,b):
    c = a + b
    print("两数的和是:",c)
#函数调用
add(10,20)
```

运行结果如图 4.4 所示。

图 4.4 运行结果

在上述函数中我们定义了两个参数 a、b,用以接收需要计算加和的数值,这时如果再调用该函数则必须要给函数的参数传递两个数值,此时就可以让该函数更加通用,可以计算出任意传入的两个数值的加和。

2. 函数参数

Python中的函数参数主要有4种：位置参数、关键字参数、默认参数、可变参数。

（1）位置参数，调用函数时根据函数定义的参数位置来传递参数。

（2）关键字参数，通过"键-值"形式加以指定，可以让函数更加清晰、容易使用，同时清除了参数的顺序要求。

（3）默认参数，用于定义函数，为参数提供默认值，调用函数时可传、可不传默认参数值。注意所有的位置参数必须出现在默认参数前，包括函数定义和调用。

（4）可变参数，定义函数时，有时候会不确定调用时会传递多少个参数，此时就是传入的参数个数是可变的，可以是1个、2个到任意，还可以是0个。

3. 默认参数

定义函数时，可以给函数的参数设置默认值，这个参数就被称为默认参数。当调用函数时，由于默认参数在定义时已经被赋值，所以可以忽略不再传入，而其他参数是必须要传入值的。值得注意的是，如果默认参数没有传入值，则直接使用默认值；如果默认值参数传入了值，则使用传入的新值替代默认值。例如定义一个计算人民币兑换美元的函数，设置默认的人民币兑换美元的汇率rate=0.1442。

例4.3 人民币兑换美元的函数。

```
# 函数定义
def RMB_to_dollar(money, rate = 0.1442):
    dollar = money * rate
    print("兑换的美元为：", dollar)
# 函数调用
RMB_to_dollar(1000)
```

运行结果如图4.5所示。

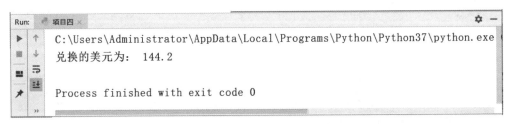

图4.5 运行结果

在人民币兑换美元的汇率不变的情况下，我们只需要输入money数值即可打印出可以兑换到的美元数。对于开发者而言，设置默认参数能够更加好地控制软件，如果提供了默认值，那么开发者可以设置她们期望的"最适"默认值；而对于用户而言，也能避免初次使用函数便遇到一堆不熟悉的参数设置窘境。

4. 任意数量的位置可变参数

定义函数时需要定义函数的参数个数，通常情况下，参数的个数表示函数可调用的参数的上限。但是有时候我们在定义函数时不确定参数的确切个数,在 Python 中使用 * args 和 ** kwargs 可以定义可变参数,在可变参数之前可以定义 0 到任意多个参数。注意,可变参数永远放在参数的最后面。

基本语法格式如下:

```
def 函数名([formal_args,] * args, ** kwargs):
    函数体
```

在上述格式中,函数共有三个参数,其中,formal_args 为形参,也就是前面所用的参数,如 a、b。* args 和 ** kwargs 为不定长参数,当调用函数时,函数传入的参数个数会先匹配 fomal_args 参数个数。如果传入的参数个数和 formal_args 参数的个数相同,不定长参数会返回空的元组或字典;如果传入的参数个数比 formal_args 参数的个数多,则可以分为两种情况:

(1) 如果传入的参数没有指定名称,那么 * args 会以元组的形式存放这些多余的参数。
(2) 如果传入的参数指定了名称,如 n=1,那么 ** kwargs 会以字典的形式存放这些被命名的参数,如{n:1}。

例 4.4 含有不定长参数的函数。

```
def test(a,b, * args):
    print(a)
    print(b)
    print(args)
test(10,20)
```

上例中的 test(10,20)调用函数时只传入了 10、20 这两个参数,所以,这两个数会从左到右一次匹配 test 函数定义的参数 a 和 b。此时,args 参数没有接收到数据,所以会是一个空元组。运行结果如图 4.6 所示。

图 4.6 运行结果

如果在调用 test 函数时,传入的参数多于两个,示例代码如下:

```
def test(a,b, * args):
    print(a)
    print(b)
    print(args)
test(10,20,30,40,50,60)
```

运行结果如图 4.7 所示。

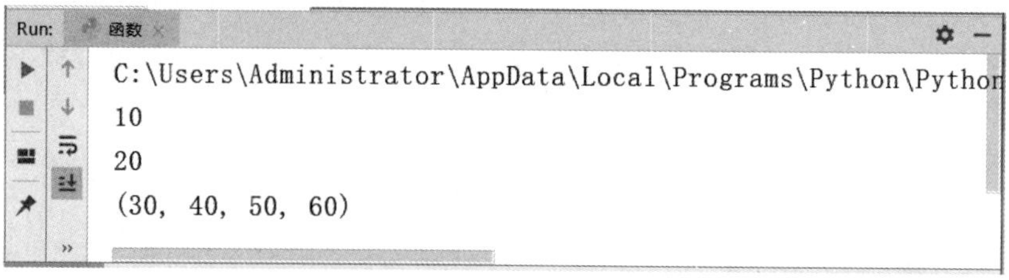

图 4.7　运行结果

如果在参数列表的末尾使用 ** kwargs 参数,示例代码如下:

```
def test(a,b, * args, ** kwargs):
    print(a)
    print(b)
    print(kwargs)
test(10,20,30,40,50,60)
```

运行结果如图 4.8 所示。

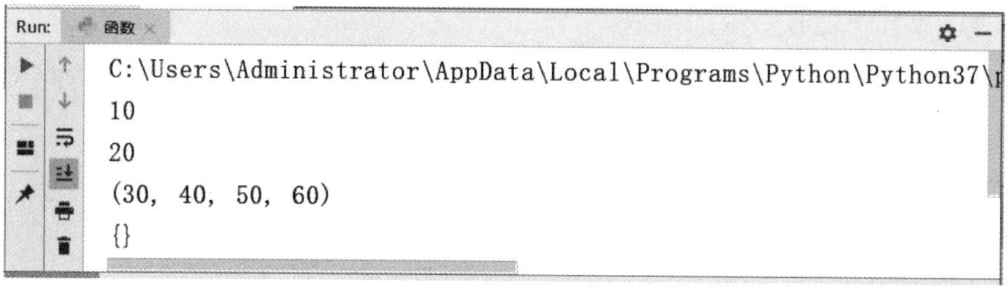

图 4.8　运行结果

从两次的运行结果可以看出,如果在调用 test 函数时传入多个参数值,那么这些数值会从左到右依次匹配函数 test 定义时的参数列表。如果跟 format_args 参数的个数匹配完,还有多余的参数,则这些多余的参数会组成一个元组,和不定长参数 args 匹配。此时,kwargs 参数没有接收到数据,所以为一个空字典。

在调用函数时,如果我们传入的参数是以键值对的形式传入,则会使用 ** kwargs 参数来接收。实现代码如下:

```
def test(a,b, * args, ** kwargs):
    print(a)
    print(b)
    print(args)
    print(kwargs)
test(10,20,30,40,m = 50,n = 60)
```

运行结果如图 4.9 所示。

5. 函数的返回值

返回值,指程序中的函数运行完成后返回给调用者的结果。比如,定义一个函数来求两

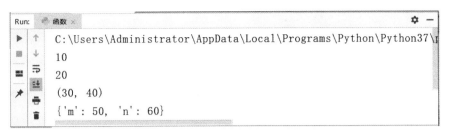

图 4.9　运行结果

个数字的和,一旦调用这个函数,函数就会把计算结果返回给调用者,两个数相加的和便是函数的返回值。在 Python 中,函数的返回值使用的是 return 语句来完成。格式为:

return 表达式

例 4.5　定义一个函数来求两个数字的和,并把和值作为函数返回值。

```
def add(a,b):
    c = a + b
    return c
```

上述代码中,函数 add 中包含 return 语句,此函数的返回值便是 a 加 b 的和。return 语句执行后函数即结束,即便是下面还有别的语句也不再执行。

例 4.6　定义函数 fun(),若输入的值 x 小于 0 则直接返回结束函数,如果输入值大于零则返回 x^2。

```
def fun(x):
    print("x = ",x)
    if x < 0:
        return
    print("x^2 = ",x * x)
# 调用函数 fun
fun(-2)
```

运行结果如图 4.10 所示。

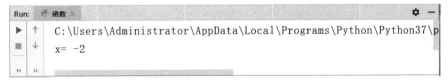

图 4.10　运行结果

因为 x<0 后执行了 return 语句,函数返回并结束,后面的 print("x^2=",x*x)不再执行,如果 x=2 时函数会一直执行到最后一条语句结束:

```
#调用函数fun
fun(2)
```

执行结果如图4.11所示。

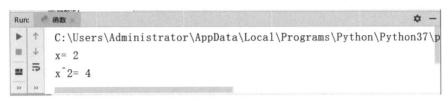

图4.11 运行结果

注意：只要执行了return语句，函数就会结束并返回，无论return处于什么位置，哪怕是在一个循环中，如果执行了return语句，剩余的循环不会再执行，剩余的语句也不会再执行。

6. 函数的4种类型

根据有没有参数和返回值，函数大致可以分为四种类型：
(1) 无参数，无返回值。
(2) 无参数，有返回值。
(3) 有参数，无返回值。
(4) 有参数，有返回值。

例4.7 定义打印居民身份信息函数，该函数无参数，无返回值函数。

```
#定义函数person_info
defperson_info():
    print("姓名：王明")
    print("性别：男")
    print("身份证：370732202003106749")
#调用函数
person_info()
```

运行结果如图4.12所示。

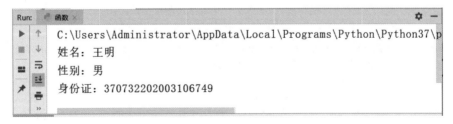

图4.12 运行结果

例4.8 定义无参数，有返回值函数，获取当前函数返回数字。

```
def fun():
    return 10
num = fun()
print("当前获取的数字为:",num)
```

运行结果如图 4.13 所示。

图 4.13　运行结果

此类函数不能接收参数,但是可返回某个数据,一般情况下,通过传感器采集数据时会用到此类函数。

例 4.9　定义求和函数,并且该函数有参数,无返回值。

```
def add(a,b):
    c = a + b
    print(a," + ",b," = ",c)
add(10,20)
```

运行结果如图 4.14 所示。

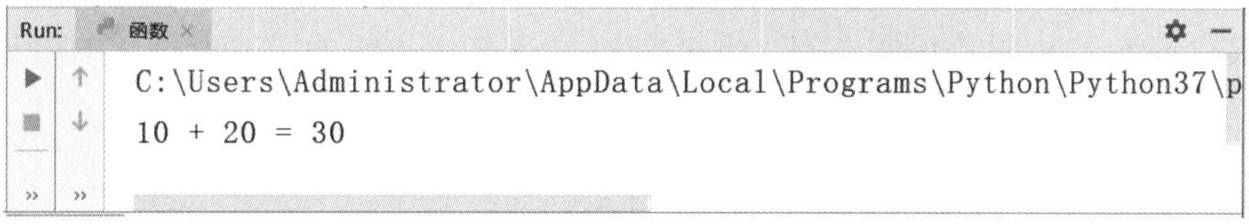

图 4.14　运行结果

在实际开发中,有参数无返回值的函数用到的很少,因为函数作为功能模块,既然传入了参数,多数情况是希望拿到返回值使用的。

例 4.10　定义求最大值函数,该函数有参数有返回值。

```
#输入两个整数,找出它们中的最大值
def max(a,b):
    c = a
    if b > a:
        c = b
    return c
#调用 max
m = max(5,10)
print(m)
```

运行结果如图 4.15 所示。

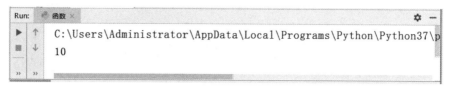

图 4.15 运行结果

4.2 Python 变量作用域范围

函数的主程序中嵌套函数,函数内部有自己的变量,主程序也有自己的变量。那么这些变量之间是什么关系,可否在函数内部使用主程序的变量,局部变量和全局变量如何使用?定义在函数内部的变量拥有一个局部作用域,定义在函数外的拥有全局作用域。局部变量只能在其被声明的函数内部访问,而全局变量可以在整个程序范围内访问。调用函数时,所有在函数内声明的变量名称都将被加入到作用域中。

4.2.1 局部变量

局部变量,也称内部变量,是指在一个函数内部定义的变量。局部变量的作用域是定义该变量的函数,局部变量的生存期是从函数被调用的时刻算起到函数返回调用处的时刻结束。当程序执行此函数时才有效,退出函数后局部变量就销毁。不同函数之间的局部变量是不同的,哪怕同名也互不干扰。局部变量具有局部性,使得函数有独立性,函数与外界的接口只有函数参数与它的返回值,使程序的模块化比较突出,这样有利于模块化开发程序。

4.2.2 全局变量

全局变量具有全局性,是实现函数之间数据交换的公共途径,全局变量的作用域是整个程序,它在开始时就存在,程序结束时才销毁。

例 4.11 定义函数 sum() 计算累加和。

```
result = 100              #全局变量
def sum(m):
    result = 0            #局部变量
    for i in range(m + 1):
        result = result + i
    print("函数内的 result 值为:",result)
    return result
sum(100)
print("函数外的 result 值为:",result)
```

运行结果如图 4.16 所示。

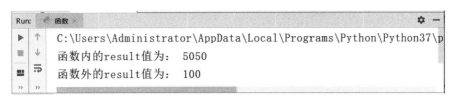

图 4.16　运行结果

允许在不同的函数中使用相同的局部变量,它们代表不同的对象分配在不同的存储单元,互不干扰,本例全局变量和 sum 函数中的局部变量虽然同名,但是会不干扰,局部变量值的变化没有影响全局变量的值。

如果一个函数内部要使用到全局变量,那么可以在该函数中声明这个变量为 global 变量,这样函数内部使用的这个变量就是全局变量。此时,在函数中改变全局变量的值时,会直接影响程序外全局变量的值。

```
result = 100            # 全局变量
def sum(m):
    global result       # 声明使用全局变量
    for i in range(m + 1):
        result = result + i
    print("函数内的 result 值为:", result)
    return result
sum(100)
print("函数外的 result 值为:", result)
```

运行结果如图 4.17 所示。

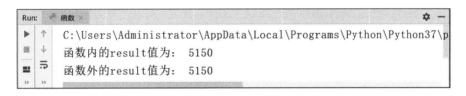

图 4.17　运行结果

此时在 sum 函数内部使用的是全局变量 result,所以运行结果是 1 到 100 的累加和再加上 100,函数内部变量 result 值发生改变影响了外部变量的值。

4.3　函数的调用

在 Python 中,所有函数的定义都是平行的,函数之间允许相互调用,也允许嵌套调用。程序的执行总是从主函数开始,完成对其他函数的调用后再返回到主函数,最后由主程序函数结束整个程序。

嵌套调用就是一个函数调用另外一个函数,被调用的函数又进一步调用另外一个函数,形成层层嵌套关系。如下函数的嵌套调用中,函数 fn3 在函数体内调用了 fn2,接着通过 fn2 调用了 fn1,打印出"这是函数 fn1",完成整个调用过程,其具体函数实现如下:

```
#函数的嵌套调用:在一个函数内部调用另一个函数
def fn1():
    print("这是函数fn1")
def fn2():
    print("这是函数fn2")
    fn1()                     # 函数的嵌套调用
def fn3():
    print("这是函数fn3")
    fn2()                     # 函数的嵌套调用
fn3()
```

运行结果如图4.18所示。

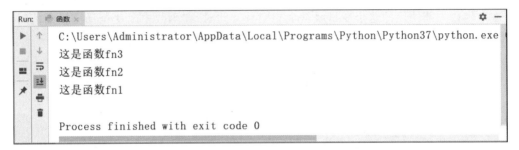

图4.18 运行结果

例4.12 用函数嵌套调用实现求4个数中的最大值。

```
#求两个数最大值
def max_two(n1, n2):
    if n1 > n2:
        return n1
    return n2
#求三个数最大值
def max_three(n1, n2, n3):
    max = max_two(n1, n2)
    return max_two(max, n3)
#求四个数最大值
def max_four(n1, n2, n3, n4):
    max = max_three(n1, n2, n3)
    return max_two(max, n4)
max = max_four(20, 50, 30, 50)
print(max)
```

运行结果如图4.19所示。

图4.19 运行结果

求两个数值中的最大值非常容易使用 max_two() 函数实现,求三个数中的最大值可以分解为先调用一次 max_two() 函数把前两个数 n1,n2 中的最大值找出来,再次调用 max_two() 函数,把找出来的最大值与第三个数 n3 比较进而找出三个数值中的最大值。求四个数中的最大值可以先调用求三个数中的最大值函数 max_three() 把前三个数 n1,n2,n3 中的最大值找出来,再次调用 max_two() 函数把前三个数中的最大值与最后一个数 n4 进行比较,进而找出四个数中的最大值。通过类似的嵌套调用可以进而求五个、六个数中的最大值。

4.4 Python 模块

在 Python 中如果需要引用一些其他的函数,应该怎么处理呢?模块是一个包含所有你定义的函数和变量的文件,其后缀名是 .py。模块可以被别的程序引入,以使用该模块中的函数等功能。在 Python 中,可以使用 import 关键字来引入某个模块,这个模块可以是 Python 第三方库下载的模块,也可以是用户自己编写的模块。

4.4.1 模块的基本使用

在 Python 中可以通过 import 关键字引入某个模块,例如引入 math 模块,可以使用 import math 引入。引入后如果在程序编写时候需要调用 math 模块中的求平方根的函数 sqrt(),这必须按"模块名.函数名"形式引用,即 math.sqrt()。

例 4.13 求 4 的平方根。

```
import math
a = math.sqrt(4)
print(a)
```

运行结果如图 4.20 所示。

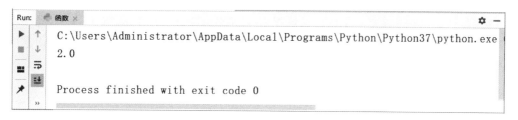

图 4.20 运行结果

引入到 Python 工程文件中的模块可以在引入时取别名,以方便后续程序中的代码编写,例如引入 random 模块取别名为 rd,调用函数随机产生一个 0~100 的整数。

例 4.14 随机产生一个 0~100 的整数。

```
import random as np
x = rd.randint(0,100)
print("产生的随机数为:",x)
```

运行结果如图 4.21 所示。

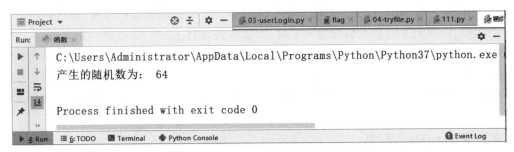

图 4.21 运行结果

4.4.2 自定义模块的使用

在 Python 中，每个 Python 文件都可以作为一个模块，模块的名字就是文件的名字。假设现有一个文件 myModule.py，它定义了 myMin 和 myMax 两个函数，如下列所示。

例 4.15 实现 myMin 和 myMax 两个函数，分别求最小值和最大值。

```
def myMin(a,b):
    c = a
    if a > b:
        c = b
    return c
def myMax(a,b):
    c = a
    if a < b:
        c = b
    return c
```

把 myModule.py 保存到 E:\Users\Administrator\PycharmProjects\，此时，如果在相同的路径下新建 main.py 文件，那么就可以在 main.py 中引入 myModule 模块使用其中的 myMin 和 myMax 函数。具体 main.py 代码如下：

```
import myModule
min = myModule.myMin(5,8)
max = myModule.myMax(5,8)
print("大数是:",max)
print("小数是:",main)
```

运行结果如图 4.22 所示。

由此可见，程序是在 main.py 中通过 import myModule 语句引入了 myModule 模块，因此在 main.py 程序中可以使用 myModule.py 中定义的 myMin 和 myMax 函数。

项目4 打印万年日历——Python函数与模块

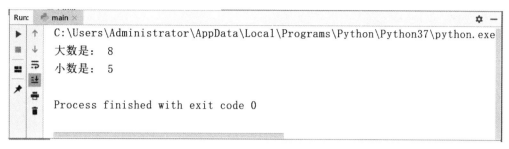

图4.22 运行结果

三、项目实现

万年日历函数可以打印出任何一年的日历,运行程序输入一个年份,如2020年,打印出全年的日历,图4.23显示了打印出的2020年1月份的日历。

```
------ 2020 年 1 月-------
Sun Mon Tue Wed Thu Fri Sat
              1   2   3   4
 5   6   7   8   9  10  11
12  13  14  15  16  17  18
19  20  21  22  23  24  25
26  27  28  29  30  31
```

图4.23 项目实现效果

1. 闰年判断函数实现

判断某年 y 是否是闰年,只要满足下面的两个条件之一即可:y 可以被4整除,同时不能被100整除;y 可以被400整除。

```
def isLeapYear(y):
    if(y%4==0 and y%100!=0)or y%400==0:
        return True
    else:
        return False
```

此函数用来判断输入的年份是否为闰年,如果是闰年则返回 Ture 值,否则返回 False 值。

2. 求某月的最大天数函数实现

不同月份最大天数是不同的,其中1、3、5、7、8、10、12月为31天,2月如果是闰年则为29天,如果是平年则为28天,其他月份为30天。设计maxDay()函数返回 y 年 m 月的最大天数。具体代码如下:

```python
def maxDays(y,m):
    d = 30
    if m == 1 or m == 3 or m == 5 or m == 7 or m == 8 or m == 10 or m == 12:
        d = 31
    elif m == 2:
        d = 29 if isLeapYear(y) else 28
    return d
```

3. 求某月 1 日是星期几函数实现

要打印 y 年 m 月的日历,必须要知道 y 年 m 月 1 日是星期几,才能顺利打印本月的日历。根据日历历法的规则可以知道其计算方法,也就是要先知道这一天是该年的第几天。设计函数 countDays() 实现计算某月某日是星期几的函数,具体代码如下:

```python
def countDays(y,m,d):
    days = d
    leapYearMonths = [31,29,31,30,31,30,31,31,30,31,30,31]
    nomalYearMoths = [31,28,31,30,31,30,31,31,30,31,30,31]
    for i in range(0,(m - 1)):        # 注意这里是 0 不是 1
        if isLeapYear(y):
            days = days + leapYearMonths[i]
        else:
            days = days + nomalYearMoths[i]
    return days
```

其中,先判断是在哪个月,把之前的月份天数全部累加起来,再加上日期 d 就可以计算出是输入的日期是该年的第几天了。例如输入日期为 2020 年 5 月 1 日,那么把前面的 1、2、3、4 月份的天数累加起来,即(31+(28 or 29)+31+30+1),其中通过 isLeapYear() 函数判断 2020 年是闰年,则 2 月是 29 天。那么 2020 年 5 月 1 日是 2020 年的第 122 天。再根据下面的历法公式计算这一天是星期几:

$$w=(y-1)+(y-1)//400+(y-1)//4-(y-1)//100+countDays(y,m,1)$$

则具体实现计算某月 1 日是星期几的函数如下:

```python
def countWeek(y,m):
    w = (y-1) + (y-1)//400 + (y-1)//4 - (y-1)//100 + countDays(y,m,1)
    return w % 7
```

经过此函数的计算可知 2020 年的每个月的第 1 日对应的为星期几。

4. 打印每月的日历函数实现

通过计算出每月的第 1 日是星期几后便可以进行打印该月份的日历了,可以设置每行七日依次打印,关键是要控制好输出的格式即可。具体代码如下:

```
def printMonth(y,m):
    w = countWeek(y,m)
    md = maxDays(y,m)
    print("Sun","Mon","Tue","Wed","Thu","Fri","Sat")
    for i in range(w):
        print("\t",end = "")
    for d in range(1,md + 1):
        print( d,'\t',end = "")
        w = w + 1
        if w % 7 = = 0:
            print()
```

5. 主函数代码

```
y = input("请输入年份:")
y = int(y)
for m in range(1,13):
    print()
    print(" ------",y,"年",m,"月-------")
    printMonth(y,m)
    print()
```

项目运行结果如图 4.24 所示。

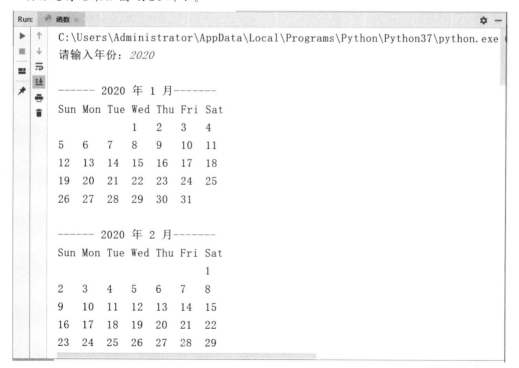

(a) 运行结果(1)

图 4.24 运行结果

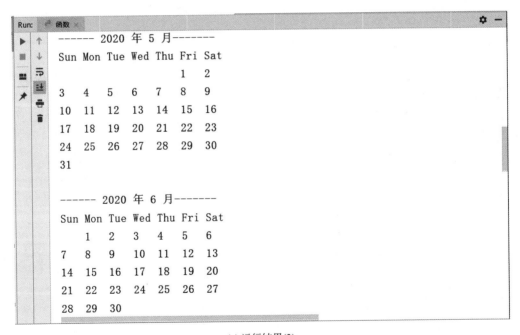

(b) 运行结果(2)

(c) 运行结果(3)

图 4.24(续)

```
------ 2020 年 7 月-------
Sun Mon Tue Wed Thu Fri Sat
            1   2   3   4
5   6   7   8   9   10  11
12  13  14  15  16  17  18
19  20  21  22  23  24  25
26  27  28  29  30  31

------ 2020 年 8 月-------
Sun Mon Tue Wed Thu Fri Sat
                        1
2   3   4   5   6   7   8
9   10  11  12  13  14  15
16  17  18  19  20  21  22
23  24  25  26  27  28  29
30  31
```

(d) 运行结果(4)

```
------ 2020 年 9 月-------
Sun Mon Tue Wed Thu Fri Sat
        1   2   3   4   5
6   7   8   9   10  11  12
13  14  15  16  17  18  19
20  21  22  23  24  25  26
27  28  29  30

------ 2020 年 10 月-------
Sun Mon Tue Wed Thu Fri Sat
                1   2   3
4   5   6   7   8   9   10
11  12  13  14  15  16  17
18  19  20  21  22  23  24
25  26  27  28  29  30  31
```

(e) 运行结果(5)

图 4.24（续）

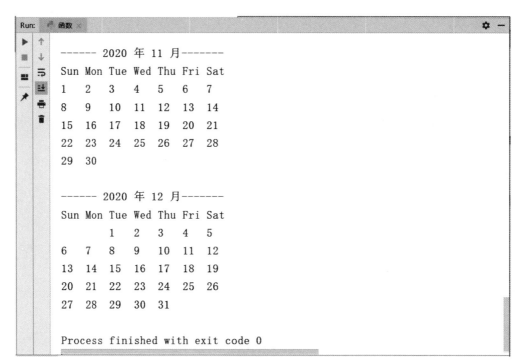

(f) 运行结果(6)

图 4.24（续）

四、项目总结

本项目使用函数模块化实现了万年历的打印，输入年份后，会判断该年是否为闰年，每月 1 日开始是周几，进而分月份从周日、周一、周二直到周六以此打印万年历。通过本实例使学生掌握函数的定义、参数与返回值，会定义使用全局变量与局部变量，实现了调用不同的功能函数实现整体项目功能，练习了函数的嵌套调用、参数值传递等函数基本知识。

五、项目拓展

（1）编写函数，用于求任意输入的一个自然数中所有数字的和。

（2）定义一个函数，用于判断输入的年份是否是闰年，①输出提示信息：请输入一个年份；②输出判断结果：若是闰年，则输出"是闰年"，否则输出"不是闰年"。

（3）编写程序判断 1~100 有多少个素数，并输出所有的素数。

（4）对于一个十进制的正整数，定义 $f(n)$ 为其各位数字的平方和，如：

$$f(13) = 1^2 + 3^2 = 10$$
$$f(207) = 2^2 + 0^2 + 7^2 = 53$$

（5）计算器极大地提高了人们进行数字计算的效率与准确性，计算器最基本的功能是进行四则运算，请编写程序实现计算器的四则运算功能。

课后习题

1. 选择题

(1) 定义函数时,函数体的正确缩进为( )。
  A. 一个空格　　　　B. 两个制表符　　　C. 4个空格　　　　D. 4个制表符
(2) 可变参数 *args 传入函数时的存储方式为( )。
  A. 元组　　　　　　B. 列表　　　　　　C. 字典　　　　　　D. 数据框
(3) 可变参数 **kwargs 传入函数时的存储方式为( )。
  A. 元组　　　　　　B. 列表　　　　　　C. 字典　　　　　　D. 数据框
(4) 请阅读下面一段程序:

```
def test(a,b, * args):
    print(args)
test(11,22,33,44,55)
```

运行程序,最终输出的结果为( )。
  A. (11,22,33)　　　　　　　　　　　B. (33,44,55)
  C. (11,22,33,44,55)　　　　　　　　D. (44,55)
  A. 元组　　　　　　B. 列表　　　　　　C. 字典　　　　　　D. 数据框
(5) 请阅读下面一段程序:

```
def sum(a,b):
    temp = b
    b = a
    a = temp
    return(a,b)
print(sum(a = 10,b = 20))
```

运行程序,最终输出的结果为( )。
  A. 10,20　　　　　　　　　　　　　B. 20,10
  C. 没有任何输出　　　　　　　　　　D. 程序出现错误
(6) 关于函数的说法错误的是( )。
  A. 函数可以减少代码重复,使程序更加模块化
  B. 在不同的函数中可以使用相同名字的变量
  C. 调用函数时传入参数的顺序一定要和函数定义时的顺序相同
  D. 函数体中如果没有 return 语句,也会返回一个 None 值
(7) 下列关于函数的说法正确的是( )。
  A. 函数的定义必须在程序的开头
  B. 函数定义后需要调用才会执行

C. 函数体与关键字 def 必须左对齐
D. 函数定义后,其中的程序可以自动执行

(8) 阅读下面一段程序:

```
def test(a,b,*args,**kwargs):
    print(args)
    print(kwargs)
test(10,20,30,40,m=50)
```

运行程序,最终输出的结果为(　　)。
A. (10,20) {'m': 30}　　　　　　　　B. (10,20) {'m': 50}
C. (30,40) {'m': 50}　　　　　　　　D. (30,40) {'m': 10}

(9) 阅读下面一段程序:

```
def info(age,name="小明"):
    print("%s的年龄为%d" % (name,age))
info(28,'小红')
```

运行程序,最终输出的结果为(　　)。
A. 28 的年龄为小明　　　　　　　　B. 28 的年龄为小红
C. 小红的年龄为 28　　　　　　　　D. 小明的年龄为 28

(10) 函数内部赋值创建的变量在(　　)作用域中。
A. 内置作用域　　　　　　　　　　B. 文件作用域
C. 函数嵌套作用域　　　　　　　　D. 本地作用域

2. 判断题

(1) 函数命名的规则与变量是一样的。(　　)
(2) 程序的变量在任何位置都能被访问。(　　)
(3) 函数执行结束后,其内部的局部变量就会消失。(　　)
(4) 如果调用函数时不想为某个参数传值,则可以在定义函数时使用默认参数。(　　)
(5) 定义好的函数是不会自动执行的,需要调用它才行。(　　)
(6) 函数外定义的全局变量,在函数的内部也能访问。(　　)
(7) 定义函数时,带有默认值的参数一定要位于参数列表的末尾位置,否则程序会报错。(　　)
(8) 在调用函数的时候,传递的数据一定要和定义的参数顺序一一对应。(　　)
(9) 在一个函数里面调用了另外一个函数,这就是所谓的函数嵌套调用。(　　)
(10) 带有两个 * 的不定长参数会以字典的形式接收形如 key=value 的参数。(　　)

3. 填空题

(1) 使用_____关键字可以创建自定义函数。
(2) 函数可以定义多个参数,参数之间使用_____分隔。

(3) 使用_____可以返回函数值。

(4) 函数根据参数和返回值的有无,大概可以分为_____、_____、_____、_____四种类型。

(5) 定义在函数作用域内的变量都属于_____变量。

(6) 如果函数内部要对全局变量进行修改,需要先使用_____关键字进行声明。

(7) 如果函数 test()没有任何参数,则可以使用_____语句完成调用。

(8) 在函数中调用另外一个函数,这就是函数的_____调用。

(9) 如果在当前程序中要使用自定义模块,首先使用_____语句将自定义模块导入。

(10) 使用_____语句可以随时结束函数,并退出函数。

4. 简答题

(1) 什么是函数?

(2) 什么是局部变量?什么是全局变量?请简述它们之间的区别。

(3) Python 中的函数参数主要有哪些?

(4) Python 的作用域有哪几种?

(5) 什么是函数的返回值?

用户注册登录
——Python文件操作

一、项目分析

（一）项目描述

随着智能设备的普及和网络的不断发展，各种网络在线系统层出不穷，我们在使用时首先要进行注册登录才能使用。文本文件可以存储的数据量多得难以置信：天气数据、经济数据、交通数据、文学作品等。当然也可以利用文本记录用户注册登录的信息，用于实现用户登录系统。按照用户的不同可以分为管理员登录和普通用户登录。如果是管理用户，那么他的信息是在登录系统中提前用文本信息记录设定好的，直接进行登录操作。如果在用户使用软件时，系统会判断该用户是否是首次使用，若是则进行用户初始化，否则进入用户登录类型选择。用户类型分为普通用户和管理员用户，管理员的账号是提前设定好的，若选择管理员用户登录则直接进行登录操作；如果选择普通用户，则需要先注册再登录。具体要实现的功能描述如下：

（1）根据选择的登录用户类型进行相应的功能跳转。
（2）根据选择的不同用户进行判断是否需要注册。
（3）用户注册时能够保存用户注册信息。
（4）用户登录时能够进行账户和密码的比对，判断是否正确。

（二）项目目标

➢ 掌握文件的打开与关闭操作。
➢ 掌握文件读取的相关方。
➢ 掌握文件的写入方法。
➢ 熟悉文件的复制与重命名。
➢ 了解文件夹的创建、删除等操作。
➢ 掌握与文件路径相关的操作。

(三) 项目难点

重点：
- 文件的打开与关闭操作。
- 文件的读取操作。
- 文件的写入操作。
- 文件的定位读取。

难点：
- 文件的读取和写入。
- 文件的定位读取。
- 文件的目录操作。
- 文件的路径操作。

二、知识加油站

文件是指一组相关数据的有序集合，是用来存储程序或者数据的。实际上在前面的章节中我们已经多次使用到了文件，例如源文件、目标文件、可执行文件、库文件等。文件通常是驻留在外部介质中，在使用时才调入内存中。文本文件是用来存储文本数据，使用 Python 读写文件是非常简单的操作，本节中重点掌握文本文件的基本操作，能够打开关闭文件，进行数据的读取和写入。

5.1 文件的打开与关闭

5.1.1 文件的打开

Python 中使用内置函数 open() 打开文本文件，其调用的一般格式为

```
file_data = open(file, mode = 'r', encoding = None)
```

其中文件对象是一个 Python 对象，open() 函数是打开文件的模块函数，file 是被打开文件的文件名字符串，是必须要填写的，mode 是指文件的访问模式。encoding 是表示文件的编码格式，如果有中文字符的操作可设置 encoding = "utf-8"。需要注意的是，此时 open() 函数没有指明打开文件的路径，则要求打开的文件需要同程序代码在同一个项目文件中。例如打开文件名称为 test.txt 的文件，示例代码如下：

```
file_data = open("test.txt","r")        #使用 open()函数以只读的方式打开文件
```

需要注意的是，使用 open 方法打开文件时如果没有注明访问模式，则必须保障文件是存在的，否则运行程序则会报错，具体访问模式信息如表 5.1 所示。

表 5.1 访问模式

访问模式	说明
r	以只读方式打开文件。文件的指针将会放在文件的开头。这是默认模式
w	打开一个文件只用于写入。如果该文件已存在则将其覆盖。如果该文件不存在,创建新文件
a	打开一个文件用于追加。如果该文件已存在,文件指针将会放在文件的结尾。也就是说,新的内容将会被写入已有内容之后。如果该文件不存在,创建新文件进行写入
rb	以二进制格式打开一个文件用于只读。文件指针将会放在文件的开头。这是默认模式
wb	以二进制格式打开一个文件只用于写入。如果该文件已存在则将其覆盖。如果该文件不存在,创建新文件
ab	以二进制格式打开一个文件用于追加。如果该文件已存在,文件指针将会放在文件的结尾。也就是说,新的内容将会被写入已有内容之后。如果该文件不存在,创建新文件进行写入
r+	打开一个文件用于读写。文件指针将会放在文件的开头
w+	打开一个文件用于读写。如果该文件已存在则将其覆盖。如果该文件不存在,创建新文件
a+	打开一个文件用于读写。如果该文件已存在,文件指针将会放在文件的结尾。文件打开时会是追加模式。如果该文件不存在,创建新文件用于读写
rb+	以二进制格式打开一个文件用于读写。文件指针将会放在文件的开头
wb+	以二进制格式打开一个文件用于读写。如果该文件已存在则将其覆盖。如果该文件不存在,创建新文件
ab+	以二进制格式打开一个文件用于追加。如果该文件已存在,文件指针将会放在文件的结尾。如果该文件不存在,创建新文件用于读写

rb、wb、ab 模式都是以二进制的方式操作文件,通常这几种模式用于处理二进制类型的文件,如声音或者图像等。

5.1.2 文件的关闭

Python 内置的 close()方法用于关闭已打开的文件,该方法没有参数,直接调用即可。关闭后的文件不能再进行读写操作,否则会触发 ValueError 错误。close()方法允许调用多次。要关闭上一节中打开的 test.txt 文件,具体代码如下:

```
file_data.close()
```

程序执行完毕后,系统会自动关闭由该程序打开的文件,但计算机中可打开的文件数量是有限的,每打开一个文件,可打开文件数量就减 1,打开的文件占用系统资源,若打开的文件过多,会降低系统性能。因此,使用 close()方法关闭文件是一个好习惯。

5.2 从文件中读取数据

Python 中与文件读取的方法有 3 个: read()、readline()、readlines()。下面逐一对这 3 个方法的使用进行详细介绍。

1. read()方法

read()方法可以从指定文件中读取指定数据,其语法格式如下:

```
read(size)
```

在上述格式中,参数 size 用于设置读取数据的数量,若参数 size 缺省,则一次读取指定文件中的所有数据,当读取整个文件时,它通常用于将文件内容放到一个字符串变量中。

例 5.1　使用 read()方法读取文本文件 a.txt 中的数据。

```
file_data = open("a.txt")
print("读取五字节数据:")
print(file_data.read(5))
file_data.close()
file_data = open("a.txt")
print("读取全部数据:")
print(file_data.read())
file_data.close()
```

运行结果如图 5.1 所示。

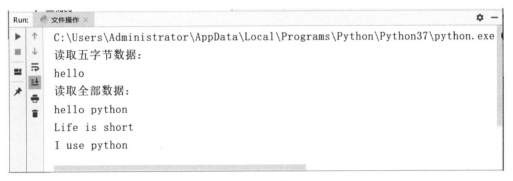

图 5.1　运行结果

上述代码首先使用 open()函数以只读模式打开文件 a.txt,然后通过 read()方法从该文件中读取五字节的数据,读取完毕后关闭文件。然后又使用 open()函数以只读模式打开文件 a.txt,然后通过 read()方法从该文件中读取文件中的所有数据。

2. readline()方法

readline()方法可以从指定文件中读取一行数据,其语法格式如下:

```
readline()
```

在上述格式中,readline()方法每执行一次,只会读取文件中的一行数据。

例 5.2　使用 readline()方法读取文本文件 a.txt 中的数据。

```
file_data = open("a.txt")
print("读取第 1 行数据:")
print(file_data.readline())
print("读取第 2 行数据:")
print(file_data.readline())
print("读取第 3 行数据:")
print(file_data.readline())
print("读取第 4 行数据:")
print(file_data.readline())
file_data.close()
```

程序运行结果如图 5.2 所示。

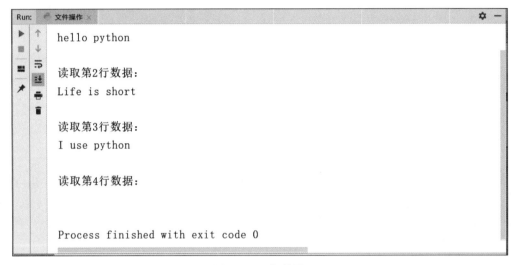

图 5.2　运行结果

3. readlines()方法

readlines()方法可以一次读取文件中的所有数据,其语法格式如下:

```
readlines()
```

readlines()方法在读取数据后会返回一个列表,文件中的每一行对应列表中的一个元素。

例 5.3　使用 readlines()方法读取文本文件 a.txt 中的数据。

```
file_data = open("a.txt")
print("读取所有数据:")
print(file_data.readlines())
print("获取读取结果的类型:")
print(type(file_data.readline()))
file_data.close()
```

程序运行结果如图 5.3 所示。

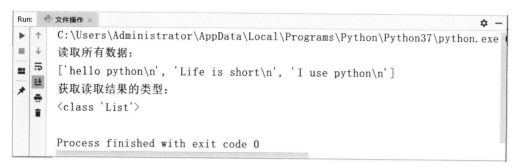

图 5.3 运行结果

以上介绍的三个方法通常用于遍历文件,其中 read()(参数缺省时)和 readlines()方法都可一次读取文件中的全部数据,但这两种操作都不够安全。因为计算机的内存是有限的,若文件较大 read()和 readlines()一次读取便会耗尽系统内存,这显然是不可取的。为了保证读取安全,通常多次调用 read()方法,每次读取 size 字节的数据。

5.3 向文件写入数据

想要持久地存储 Python 程序中产生的临时数据,需要先使用数据写入方法将数据写入文件,Python 提供了 write()方法和 writelines()方法可以向文件中写入数据,本节将对这两个方法进行介绍。

1. write()方法

Python 可以使用 write()方法向文件中写入数据,其语法格式如下:

```
write(str)
```

write()函数中的 str 表示要写入的字符串。若字符串写入成功,write()返回本次写入文件的字节数。打开文件后,每调用一次 write()方法,便会向文件中追加一行数据。

例 5.4 新建文本文件 b.txt,并向其写入数据。

```
file_data = open("b.txt","w+")
file_data.write("hello Python!\n")
file_data.close()
```

程序运行结果如图 5.4 所示。

程序运行完毕,在当前的项目文件中会出现新创建的 b.txt 文件,打开 b.txt 文件,文件中的内容如图 5.4 所示,成功将 hello Python! 文本写入。

2. writelines()方法

writelines()方法用于向文件写入字符串序列,其语法格式如下:

图 5.4　运行结果

```
writelines([str])
```

str 表示要写入的字符串序列,该序列可以是任何可迭代的对象产生字符串,字符串为一般列表。writelines()函数没有返回值。

例 5.5　使用 writelines()方法向文件 b.txt 中写入数据。

```
file_data = open("b.txt",encoding = "utf - 8",mode = "a + ")
seq = ["Python 程序设计\n","文件操作"]
file_data.writelines(seq)
file_data.close()
```

程序运行结果如图 5.5 所示。

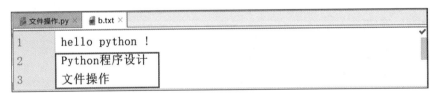

图 5.5　运行结果

程序运行完毕,打开 b.txt 文件,文件中的内容如图 5.5 所示,在第一行后又写入了"Python 程序设计"和"文件操作"两行文字。

5.4　文件的定位读取

在文件的一次打开与关闭之间进行的读、写操作都是连续的,程序总是从上次读、写的位置继续向下进行读、写操作。实际上,每个文件对象都有一个称为"文件读、写位置"的属性,该属性用于记录文件当前读、写的位置。

Python 提供用于获取文件读、写位置以及修改文件读、写位置的方法 tell()与 seck()。下面对这两个方法的使用进行介绍。

1. tell()方法

在读写文件的过程中,如果想知道当前的位置,可以使用tell()方法获取。

例5.6 使用tell()方法获取文件a.txt中的读取位置。

```
file = open("a.txt")
print("当前文件读取的位置:",file.tell())
file.read(10)
print("当前文件读取的位置:",file.tell())
file.close()
```

程序运行结果如图5.6所示。

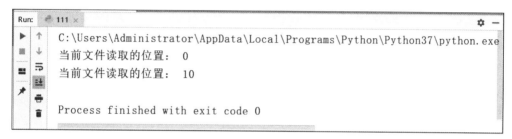

图5.6 运行结果

2. seek()方法

seek()方法用于设置当前文件读、写位置,其语法格式如下:

```
seek(offset,from)
```

seek()方法的参数offset表示偏移量,即读、写位置需要移动的字节数;参数from用于指定文件的读写位置,该参数的取值有0、1、2,它们代表的含义分别如下:

(1) 0:表示在开始位置读、写。
(2) 1:表示在当前位置读、写。
(3) 2:表示在末尾位置读、写。

例5.7 使用seek()方法修改读、写文件a.txt中的位置。

```
file = open("a.txt")
print("读取文件当前的位置:",file.tell())
print("读取当前位置全部文本:")
print(file.read())
file.seek(5,0)
print("从开始位置偏移5字节后的位置:",file.tell())
print("读取当前位置全部文本:")
print(file.read())
file.close()
```

程序运行结果如图5.7所示。

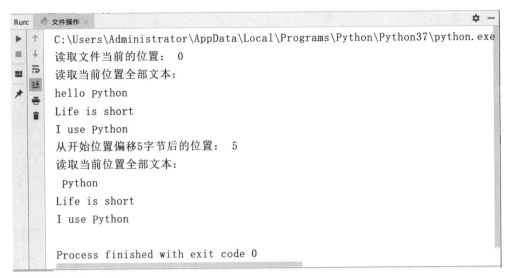

图 5.7 运行结果

上述代码使用 seek()方法将文件读取位置移动至开始位置偏移 5B，并使用 tell()方法取 a.txt 中的当前读、写位置，可以发现读取位置由开始的 0 偏移 5B，使用 read()方法读取当前位置开始的全部文本信息，可以发现偏移 5 个位置后读取的文本信息数据。

5.5 文件的复制与重命名

Python 还支持对文件进行一些其他操作，如文件复制、文件重命名，下面将对这两种操作进行介绍。

5.5.1 文件的复制

文件复制即创建文件的副本，此项操作的本质仍是文件的打开、关闭与读、写。

例 5.8 复制当前的文件 a.txt 副本文件 copy_a.txt。

```
file_name = "a.txt"
data_file = open(file_name,"r")         #打开文件
all_data = data_file.read()             #读取文件
new_file = open("copy_a.txt","w")       #创建并打开复制文件
new_file.write(all_data)                #写入数据
data_file.close()                       #关闭 a.txt 文件
new_file.close()                        #关闭创建的复制文件 copy_a.txt
```

程序运行结果如图 5.8 所示。

上述代码首先使用 open()函数打开 a.txt 文件，并使用 read()方法读取该文件中的数据。读取原文件数据后，使用 open()函数创建新文件，这里新文件的文件名为 copy_a.txt，打开该文件后使用 write()方法将数据写入新文件中，最后使用 close()方法关闭这两个文件。程序执行完成之后，可以看到在当前目录下生成的备份文件，对比备份文件与原文件的

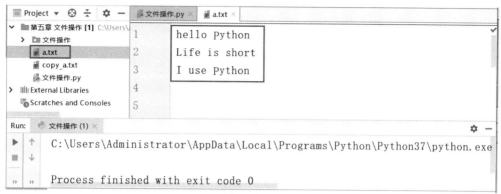

(a) 原a.txt文本内容

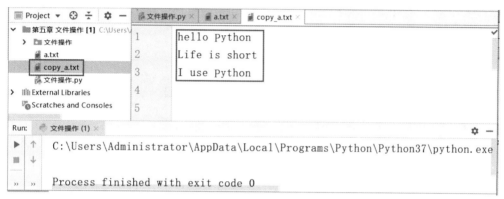

(b) 复制文件copy_a.txt文本内容

图 5.8　程序运行结果

内容，这两份文件内容相同，说明文件备份成功。

5.5.2　文件的重命名

Python 提供了用于更改文件名的函数 rename()，该函数存在于 os 模块中，使用时首先要把 os 模块导入再调用 rename()，其语法格式如下：

```
rename(原文件名,新文件名)
```

例 5.9　使用 rename() 函数将文件 a.txt 重命名为 new_a.txt，运行结果如图 5.9 所示。

```
import os
os.rename("a.txt","new_a.txt")
```

经以上操作后，当前路径下的文件 a.txt 被重命名为 new_a.txt。

注意：待重命名的文件必须已存在，否则解释器会报错。

对操作系统而言，文件和文件夹都是文件，因此 rename() 函数亦可用于文件夹的重命名。

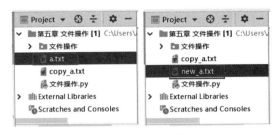

图 5.9　运行结果

例 5.10　使用 rename() 函数将文件夹"文件操作"重命名为"文件夹重命名"。

```
import os
os.rename("文件操作","文件夹重命名")
```

运行结果如图 5.10 所示。

图 5.10　运行结果

5.6　目录操作

模块中定义了一些用于处理文件夹操作的函数,例如创建目录、获取文件列表等函数。除 os 模块外,Python 中的 shutil 模块也提供了一些文件夹操作。本节将对 os 模块和 shutil 模块中的一些文件夹操作函数进行介绍。

5.6.1　创建目录

模块中的 mkdir() 函数用于创建目录,其语法格式如下:

```
os.mkdir(path,mode)
```

参数 path 表示要创建的目录,参数 mode 表示目录的数字权限,该参数在 Windows 系统下可忽略。

例 5.11　设计一个功能用于判断目录是否存在,如果目录不存在,执行创建目录操作同时在该目录下创建一个 c.txt 文件并写入数据;如果目录存在,提示用户"该目录已存在"。

```
import os
path = input("请输入目录名:")
#判断输入的目录是否存在
flag = os.path.exists(path)
if flag is False:
    os.mkdir(path)
    new_file = open(os.getcwd() + "\\" + path + "\\" + "c.txt","w")
    new_file.write("hello python!")
    print("数据写入成功!")
    new_file.close()
else:
    print("该目录已存在")
```

运行结果如图 5.11(a)所示。

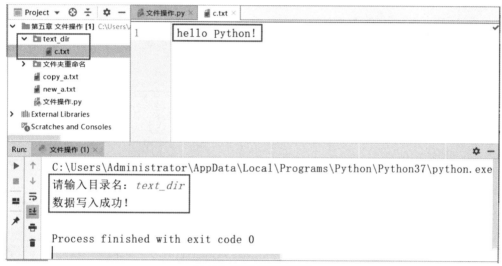

(a)目录不存在时运行结果

图 5.11

上述代码使用 input()函数接收用户输入的目录,通过 exists()函数判断目录是否存在,如果目录不存在,则创建目录和文件 c.txt,并使用 write()方法向该文件中写入数据"hello python!";如果目录存在,则提示用户"该目录已存在"。

再次运行代码,再次输入 test_dir 目录名,检测 test_dir 目录是否存在,运行结果如图 5.11(b)所示。

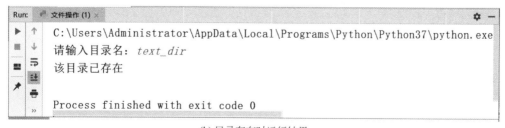

(b)目录存在时运行结果

图 5.11(续)

5.6.2 删除目录

使用 Python 内置模块 shutil 中的 rmtree()函数可以删除目录,其语法格式如下:

```
rmtree(path)
```

上述格式中,参数 path 表示要删除的目录。

例 5.12 使用 rmtree 函数删除 test_dir 目录。

```
import os
import shutil
#删除前查看要删除的目录是否存在
print(os.path.exists("text_dir"))
shutil.rmtree("text_dir")
#删除后查看要删除的目录是否存在
print(os.path.exists("text_dir"))
```

运行结果如图 5.12 所示。

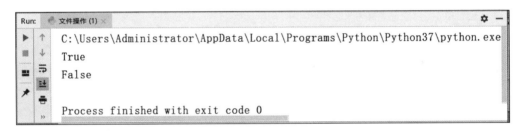

图 5.12 运行结果

上述代码首先使用 exist()函数判断 test_dtr 目录是否存在,如果存在返回 True,否则返回 False,运行结果第一次判断是返回的是 True 说明该目录存在,然后使用 rmtree()函数执行删除操作,最后使用 exists()函数再次进行判断,若返回结果是 False,说明该目录已经不存在,被成功删除。

5.6.3 获取目录的文件列表

os 模块中的 listdir()函数用于获取文件夹下文件或文件夹名的列表,该列表以字母顺序排序其语法格式如下:

```
listdir(path)
```

上述格式中,参数 path 表示要获取的目录列表。

例 5.13 使用 listdir()函数获取指定目录下文件列表。

```
import os
path = r "C:\Users\Administrator\Desktop\源代码\第 5 章 文件操作"
print(os.listdir(path))
```

程序运行结果如图 5.13 所示。

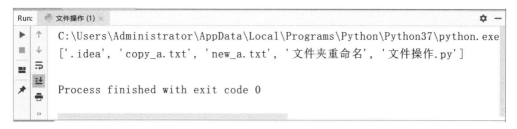

图 5.13　运行结果

5.7　文件路径操作

项目除了程序文件,还可能包含一些资源文件,程序文件与资源文件相互协调,方可实现完程序。但若程序中使用了错误的资源路径,项目可能无法正常运行,甚至可能崩溃,所以文件路径是开发程序时需要关注的问题。

5.7.1　相对路径与绝对路径

文件相对路径指某文件(或文件夹)所在的路径与其他文件(或文件夹)的路径关系,绝对路径指盘符开始到当前位置的路径。os 模块提供了用于检测目标路径是否是绝对路径的 isabs() 函数和将相对路径规范化为绝对路径的 abspath() 函数,下面分别讲解这两个函数。

1. isabs() 函数

当目标路径为绝对路径时,isabs() 函数会返回 True,否则返回 False。

例 5.14　使用 isabs() 函数判断提供的路径是否为绝对路径。

```
import os
print("当前文件路径是否为绝对路径:",os.path.isabs("new_a.txt"))
print("当前文件路径是否为绝对路径:",os.path.isabs("F:\python\new_a.txt"))
```

程序运行结果如图 5.14 所示。

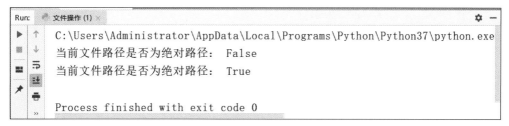

图 5.14　运行结果

从运行结果可知,isabs()函数可以判断出来 new_a.txt 不是文件的绝对路径,F:\python\new_a.txt 是文件的绝对路径。

2. abspath()函数

当目标路径为相对路径时,使用 abspath()函数可以将目标路径规范化为绝对路径。

例 5.15 使用 abspath()函数可以将 new_a.txt 目标路径规范化为绝对路径。

```
import os
print("当前文件绝对路径是:",os.path.abspath("new_a.txt"))
```

程序运行结果如图 5.15 所示。

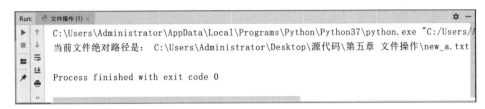

图 5.15 运行结果

5.7.2 获取当前路径

当前路径即文件、程序或目录当前所处的路径。os 模块中的 getcwd()函数用于获取当前路径。

例 5.16 getcwd()函数用于获取当前运行程序的路径。

```
import os
path = os.get(wdc)
  print("当前项目的存储路径:",path)
```

程序运行结果如图 5.16 所示。

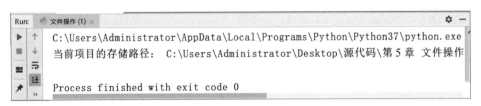

图 5.16 运行结果

上述代码首先通过 os 模块中的 getcwd()函数获取到当前路径,然后赋值给变量 path,最后使用 print()函数输出当前路径。

5.7.3 检测路径的有效性

os 模块中的 exists()函数用于判断路径是否存在,如果当前路径存在,exitsts()函数返回 True,如果当前路径不存在,则返回 Fale。

例 5.17 使用 exists()函数判断 F:\python\new_a.txt 路径是否存在。

```
import os
path = "F:\python\copy_a.txt"
print('路径是否存在:",os.path.exists(path))
```

程序运行结果如图 5.17 所示。

图 5.17　运行结果

上述代码将两个路径分别赋值给变量 path 然后使用 exists()函数判断提供的路径是否存在。

5.7.4　路径的拼接

os.path 模块中的 join()函数用于拼接路径,其语法格式如下:

```
os.path.join(path1,path2)
```

上述格式中,参数 path1、path2 表示要拼接的路径。

例 5.18 使用 join()函数将路径 python 与"项目"进行拼接。

```
import os
path1 = 'python'
path2 = "项目"
sp_path = os.path.join(path1,path2)
print(sp_path)
```

程序运行结果如图 5.18(a)所示。

上述代码将第一个路径 python 赋值给 path1,将第二个路径"项目"赋值给 path2,然后通过 join()函数将这两个路径进行拼接。

若最后一个路径为空,则生成的路径将一个"\"结尾,具体如下:

```
import os
path1 = "D:\python\项目"
path2 = ""
sp_path = os.path.join(path1,path2)
print(sp_path)
```

程序运行结果如图 5.18(b)所示。

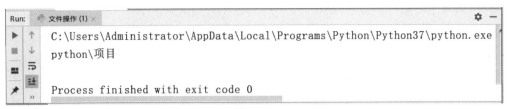

(a) 通过join()函数拼接路径

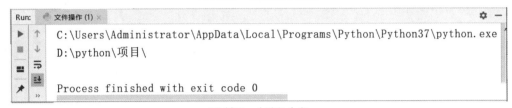

(b) 最后一个路径为空

图 5.18　运行结果

三、项目实现

1. 程序设计

用户登录功模块分为管理员登录和普通用户登录,在用户使用软件时,系统会先判断用户是否为首次使用：若是首次使用,则进行初始化,否则进入用户类型选择。用户类型分为管理员和普通用户两种,若选择管理员,则直接进行登录；若选择普通用户,先询问用户是否需要注册,若需要注册,先注册用户再进行登录。

结合程序功能,设计程序接口。用户登录模块应包含的函数及其功能分别如下。

main()：程序的入口。

s_flg()：标识位文件更改。

initial()：信息初始化。

print_login_menu()：打印登录菜单。

user_select()：用户选择。

root_login()：管理员登录。

user_registered()：用户注册。

user_login()：普通用户登录。

下面在文件 user_login.py 中逐个实现以上各个函数的功能。

（1）main()函数是整个程序的入口,该函数需判断是否为首次使用系统,为保证每次读取到的为同一个标志位对象,这里将标志位对象的数值存储到文件 flag 之中。每次启动程序时都先调用 main()函数,该函数应先打开 flag 文件,从其中读取数据进行判断,之后 main()函数根据标识文件的判断结果执行不同的分支：若标志位对象值为 0,说明为首次启动,函数需要更改标志位文件内容、初始化资源、打印登录菜单、接收用户选择；若标志位对象值为 1,说明不是首次启动,直接打印登录菜单,并接收用户选择。根据以上分析,main()

函数的具体实现如下:

```python
import os
#判断是否为首次使用系统
def main():
    flag = open("flag")
    word = flag.read()
    if word == "0":
        print("这是首次启动!")
        flag.close()              # 关闭文件
        s_flg()                   # 更改标志为1
        initial()                 # 初始化资源
        print_login_menu()        # 打印登录菜单
        user_select()             # 选择用户
    elif word == "1":
        print("欢迎回来!")
        print_login_menu()
        user_select()
    else:
        print("初始化参数错误!")
```

(2) s_flg()函数用于修改 flag 文件中的内容,将在初次启动系统时被 is_first_start() 函数调用。该函数的实现如下:

```python
#更改标志位
def s_flg():
    file = open("flag", "w")      # 以重写的方式打开文件 flag
    file.write("1")               # 将"1"写入 falg 文件中
    file.close()                  # 关闭文件
```

(3) initial()函数,初次启动系统时,需要创建管理员账户和普通用户文件,这两个功能都在 initial()函数中完成。initial()函数的实现如下:

```python
#初始化管理员用户
def initial():
    file = open("u_root", "w")                        # 创建并打开管理员账户文件
    root = {"admin":"admin", "password":"123"}
    file.write(str(root))                             # 写入管理员信息
    file.close()                                      # 关闭管理员账户文件
    os.mkdir("users")                                 # 创建普通用户文件夹
```

(4) print_login_menu()函数用于打印登录菜单,登录菜单中有两个选项,分别为管理员登录和普通用户登录,因此 print_login_menu()函数的实现如下:

```python
#打印登录菜单
def print_login_menu():
    print("****选择登录用户****")
```

```python
        print("1 - 管理员登录")
        print("2 - 普通用户登录")
        print(" ******************** ")
```

(5) 在打印出登录菜单后，系统应能根据用户输入，选择执行不同的流程。此功能在 user_select()函数中实现，该函数首先接收用户的输入，若用户输入"1"，调用 root_login()函数进行管理员登录；若用户输入"2"，先询问用户是否需要注册，根据用户输入选择执行注册操作或登录操作。user_select()函数的实现如下：

```python
#用户选择
def user_select():
    while True:
        user_type_select = input("请选择用户类型:")
        if user_type_select == "1":                     # 管理员登录验证
            root_login()
            break
        elif user_type_select == "2":                   # 普通用户登录验证
            while True:
                select = input("是否需要注册?(y/n):")
                if select == "y" or select == "Y":
                    print("---- 用户注册 ----")
                    user_registered()                   #普通用户注册
                    break
                elif select == "n" or select == "N":
                    print("---- 用户登录 ----")
                    break
                else:
                    print("输入有误,请重新选择")
            user_login()                                #普通用户登录
            break
        else:
            print("输入有误,请重新选择")
```

(6) root_login()函数用于实现管理员登录，该函数可接收用户输入的账户和密码，将接收到的数据与存储在管理员账户文件中的管理员账户信息进行匹配，若匹配成功则提示登录成功，并打印管理员功能菜单；若匹配失败则给出提示信息并重新验证。root_login()函数的实现如下：

```python
#管理员登录
def root_login():
    while True:
        print(" **** 管理员登录 ***** ")
        root_number = input("请输入账户名:")
        root_password = input("请输入密码:")
        file_root = open("u_root")                      #只读打开 root 账户文件
        root = eval(file_root.read())                   #读取管理员账户信息
        #信息匹配
```

```
            if root_number = = root["admin"] and root_password = = root["password"]:
                print("登录成功!")
                break
            else:
                print("账号或密码错误,请重新登录!")
```

(7) user_registered()函数用于注册普通用户,该函数在用户于user_select()函数中选择需要注册用户之后被调用。user_registered()函数可接收用户输入的账户名、密码和昵称,并将这些信息保存到users目录下与用户账户名同名的文件中。user_registered()函数的实现如下:

```
#用户注册
def user_registered():
    user_id = input("请输入账户名:")
    user_password = input("请输入密码:")
    user_name = input("请输入昵称:")
    user = {"u_id":user_id,"u_pwd": user_password,"u_name": user_name}
    user_path = "./users/" + user_id
    file_user = open(user_path,"w")           # 创建普通用户文件
    file_user.write(str(user))                # 写入普通用户信息
    file_user.close()                         # 保存关闭
```

(8) user_login()函数用于实现普通用户登录,该函数可接收用户输入的账户名和密码,并将账户名与users目录中文件列表的文件名匹配,若匹配成功,说明用户存在,进一步匹配用户密码。账户名和密码都匹配成功则提示"登录成功",并打印用户功能菜单;若账户名不能与users目录中文件列表的文件名匹配,说明用户不存在。user_login()函数的实现如下:

```
#普通用户登录
def user_login():
    while True:
        print("****普通用户登录****")
        user_id = input("请输入账户名:")
        user_password = input("请输入密码:")
        #获取users目录中所有的文件名
        user_list = os.listdir("./users")
        #遍历列表,判断user_id是否在列表中
        flag = 0
        for user in user_list:
            if user = = user_id:
                flag = 1
                print("登录中....")
                # 打开普通用户存放文件
                file_name = "./users/" + user_id
                file_user = open(file_name)
                # 获取文件中用户信息内容
```

```
                    user_info = eval(file_user.read())
                    if user_password == user_info["u_pwd"]:
                        print("登录成功!")
                        break
        if flag == 1:
            break
        elif flag == 0:
            print("查无此用户!请先注册")
            break
```

至此，用户登录模块所需的功能已全部实现，以上实现的所有函数都被存储在文件 userLogin.py 之中。需要注意的是，初始化函数 initial() 和用户登录函数 user_login() 中使用了 os 模块的 listdir() 函数，因此程序文件中需导入 os 模块。在 userLogin.py 文件的首行添加导入代码，之后在文件末尾添加如下代码：

```
if __name__ == "__main__":
    main()
```

2. 功能演示

下面将执行用户登录程序 userLogin.py，演示其中功能。

（1）首次启动，在程序所在目录中创建 Text 文件 flag，打开文件在其中写入数据 0，保存退出。执行程序，程序将打印如图 5.19 所示信息。此时查看程序所在目录，发现其中新建了目录 users 和文件 u_root。在终端中输入 1，进入管理员登录界面，分别输入正确的账户名和密码，程序的执行结果如图 5.20 所示。由以上执行结果可知，管理员的用户名和密码匹配成功。

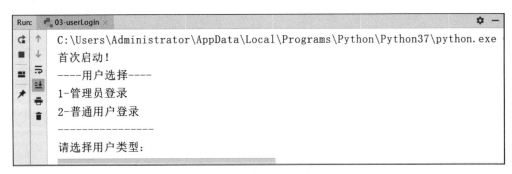

图 5.19　运行结果

图 5.20　运行结果

（2）再次启动。再次执行程序，终端将打印如图 5.21 所示信息。由执行结果可知，s_flg()函数调用成功。本次选择使用普通用户登录，并注册新用户，如图 5.22 所示。

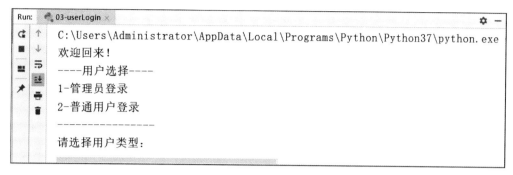

图 5.21　运行结果

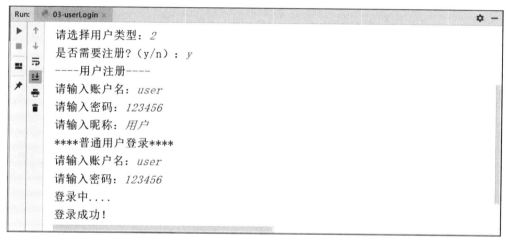

图 5.22　运行结果

此时打开当前目录下的 users 目录，可看到其中新建了名为 itcast 的文件，结合以上执行结果，可知用户注册、普通用户登录功能均已成功实现。

四、项目总结

本项目主要讲解了 Python 中文件和路径的操作，包括文件的打开与关闭、文件的读写、文件的定位读取、文件的复制与重命名、获取当前路径、检测路径的有效性等。通过本章的学习，读者应具备文件操作的基础知识，能在实际的项目开发中熟练地操作文件。

五、项目拓展

（1）身份证归属地查询。居民身份证是用于证明持有人身份的一种特定证件，该证件记录了国民身份的唯一标识身份证号码。在我国身份证号码由 17 位数字本体码和一位数字校验码组成，其中前 6 位数字表示地址码。地址码标识编码对象常住户口所在地的行政区域代码，通过身份证号码的前6位便可以确定持有人的常住户口所在地。要求编写程序，实现根据地址码对照表和身份证号码查询居民常住户口所在地的功能。

（2）通讯录是存储联系人信息的名录。要求编写通讯录程序，该程序可接收用户输入的姓名、电话、QQ号码、邮箱等信息。将这些信息保存到"通讯录.txt"文件中，实现新建联系人功能；可根据用户输入的联系人姓名查找联系人，展示联系人的姓名、电话、QQ号码、邮箱等信息，实现查询联系人功能。

（3）打开一个英文文本文件，编写程序读取其内容，并把其中的大写字母变成小写字母，小写字母变成大写字母，其他字符不变。

（4）有两个磁盘文件A和B，各存放一行字母，要求把这两个文件中的信息合并（按字母顺序排列），输出到一个新文件C中。

课后习题

1. 选择题

（1）已知文件abc.txt的内容为：Hello,Python,通过如下代码读取上述文件的内容，读取的结果为（　　）。

```
f = open('abc.txt', 'r')
content = f.read(7)
print(content)
```

　　A. Hell　　　　B. Hello　　　　C. Hello,　　　　D. Hello,p

（2）下列选项中，用于关闭文件的方法是（　　）。

　　A. read()　　　B. tell()　　　　C. seek()　　　　D. close()

（3）下列哪个方法会把读取到的数据返回为一个列表？（　　）

　　A. read(12)　　B. read()　　　　C. readlines()　　D. readline()

（4）下列选项中，可以设置从特定位置开始读写文件的方法是（　　）。

　　A. read()　　　B. seek()　　　　C. readline()　　D. write()

（5）下列方法中，不能从文件中读取数据的是（　　）。

　　A. read(12)　　B. tell()　　　　C. readlines()　　D. readline()

（6）下列选项中，可以一次性读取整个文件的是（　　）。

　　A. read(12)　　B. read()　　　　C. tell()　　　　D. readline()

（7）下列关于文件读取的说法，错误的是（　　）。

　　A. read()方法可以一次读取文件中所有内容。

　　B. readline()方法一次只能读取一行内容。

　　C. readlines()以元组的形式返回读取的数据。

　　D. readlines()一次可以读取文件中所有内容。

（8）下列关于文件写入的说法，正确的是（　　）。

　　A. 如果向一个已有文件写入数据，在写入之前会清空文件原有数据。

B. 每执行一次 write()方法,写入的内容都会追加到文件末尾。
C. writelines()方法用于向文件中写入多行数据。
D. 文件写入时不能使用 r 模式。

(9) 下列选项中用于获取当前读写位置的是(　　)。
A. open()　　　　B. close()　　　　C. tell()　　　　D. seek()

(10) 下列关于文件操作的说法,错误的是(　　)。
A. os 模块中的 mkdir()函数可以创建目录。
B. shutil 模块中的 rmtree()函数可以删除目录。
C. os 模块中的 getcwd()函数,获取的是相对路径。
D. rename()函数可以修改文件名。

2. 判断题

(1) 在文件的访问模式中,w 表示的是可写模式。(　　)

(2) 使用 open()打开文件若没设访问模式,文件一定是存在的,否则会出现错误。(　　)

(3) read()只能一次性读取整个文件的数据。(　　)

(4) 在文件模式中,w+模式表示打开一个文件用于读写。如果该文件已存在,则将其覆盖;如果该文件不存在,则创建新文件。(　　)

(5) 使用方法 seek(offset,from)进行文件定位读写时,如果参数 from 的值设为 1,则表示从文件的当前位置开始偏移。(　　)

(6) 如果打开文件允许编辑,一定要指明文件的模式。(　　)

(7) 使用文件时,如果不使用 close()方法关闭文件,一旦程序崩溃,很可能导致文件中的数据没有保存。(　　)

(8) 读取文件时,seek()方法只能从文件的开头开始读取。(　　)

(9) 在文件定位读写中,使用 tell()方法可以获取文件当前的读写位置。(　　)

(10) 在操作某个文件时,每调用一次 write()方法,写入的数据就会追加到文件末尾。(　　)

3. 填空题

(1) os 模块的_____方法用于获取目录中的文件名。

(2) os 模块的_____方法用来创建文件夹。

(3) tell()方法能返回文件_____当前的位置。

(4) os 模块中的_____方法可以完成对文件的重命名操作。

(5) 文件的访问模式默认为_____。

(6) 向文件写入数据的方法是_____。

(7) 文件的打开使用的是_____方法。

(8) os 模块中的_____方法可以完成对文件的删除操作。

(9) os 模块的_____方法用来获取当前的目录。

(10) 使用_____方法可以关闭打开的文件。

4. 简答题

(1) 简述什么是相对路径,什么是绝对路径。

(2) 简述读取文件几种方法的区别。

(3) seek()方法的参数 from 用于指定文件的读写位置,该参数的取值有 0、1、2,它们代表的含义是什么。

(4) 简述文件读、写位置的作用。

(5) 简述文件复制操作的基本逻辑。

项目 6

"乌龟吃鱼"小游戏
——Python面向对象编程

一、项目分析

（一）项目描述

本项目是利用所学知识完成一个"乌龟吃鱼"小游戏的制作,游戏规则是:
(1) 假设游戏场景为范围(x,y),其中 $0 \leq x \leq 785, 0 \leq y \leq 570$。
(2) 游戏生成1只乌龟和15条鱼,它们的移动方向自右至左。
(3) 乌龟的最大移动能力为2(它可以随机选择1还是2移动)。
(4) 鱼儿的最大移动能力是1,当移动到场景边缘,自动从头移动。
(5) 乌龟初始化体力为100(上限),乌龟每移动一次,体力消耗1。
(6) 当乌龟和鱼坐标重叠,乌龟吃掉鱼,乌龟体力增加20,鱼暂不计算体力。
(7) 当乌龟体力值为0(挂掉)或者鱼儿的数量为0,游戏结束。

通过游戏规则可以看出,完成此项目需要完成乌龟和鱼的移动,乌龟吃掉鱼的动作等,前面讲过的方法实现起来比较复杂,所以使用 Python 语言的面向对象中的类和对象来实现,同时还需要导入一个游戏模块实现游戏界面的设置。

（二）项目目标

- 理解面向对象的概念和编程思想。
- 理解类和对象的定义以及它们的关系。
- 学会创建类,并使用类创建对象。
- 掌握构造方法和析构方法的使用。
- 理解面向对象的三大特性,并掌握继承的使用。
- 掌握类属性和实例属性。
- 了解类方法和静态方法的使用。

（三）项目难点

重点：
- 面向对象的概念和编程思想。

➢ 类和对象的定义以及它们的关系。
➢ 创建类,并使用类创建对象。
➢ 面向对象的三大特性,并掌握继承的使用。

难点:
➢ 面向对象的概念和编程思想。
➢ 类和对象的定义以及它们的关系。
➢ 构造方法和析构方法的使用。
➢ 面向对象的三大特性,并掌握继承的使用。
➢ 类属性和实例属性。
➢ 类方法和静态方法的使用。

二、知识加油站

前面已经讲过,Python 语言既支持面向过程编程,也支持面向对象编程,与其他主要的语言如 C++ 和 Java 相比,Python 以一种非常强大又简单的方式实现面向对象编程。面向对象的核心是类和对象,因此下面我们来详细讲解面向对象中的类和对象。

6.1 面向对象

面向对象(Object Oriented)是一种软件开发方法。面向对象的概念和应用已超越了程序设计和软件开发,扩展到如数据库系统、交互式界面、应用结构、应用平台、分布式系统、网络管理结构、CAD 技术、人工智能等领域。面向对象是一种对现实世界理解和抽象的方法,是计算机编程技术发展到一定阶段后的产物,它的提出是相对于面向过程来讲的。

面向对象编程(Object Oriented Programming)方法是尽可能模拟人类的思维方式,使得软件的开发方法与过程尽可能接近人类认识世界、解决现实问题的方法和过程,即,使得描述问题的空间与解决方案空间在结构上尽可能一致,把客观世界中的实体抽象为问题域中的对象。

面向对象程序设计是在面向过程编程设计方法出现很多年以后才应运而生的。传统的结构化设计方法的基本点是面向过程,系统被分解成若干个过程;而面向对象的方法是采用构造模型的观点,在系统的开发过程中,各个步骤的共同目标是建造一个问题域的模型。在面向对象的设计中,初始元素是对象,然后将具有共同特征的对象归纳成类,组织类之间的等级关系,构造类库。在应用时,在类库中选择相应的类。两者的区别是:

(1) 面向过程是一种以过程为中心的编程思想;面向对象是一种以对象为核心的编程思想。

(2) 面向过程是分析出解决问题所需要的步骤,然后用函数把这些步骤一步一步实现;面向对象是把构成问题事务分解成各个对象,然后对每一个对象进行操作来实现。

(3) 面向过程的核心是函数;面向过程的核心是类和对象。

下面以一个五子棋的设计来看一下面向过程和面向对象设计思想的不同:

面向过程的设计思路就是首先分析问题的步骤：①开始游戏→②黑子先走→③绘制画面→④判断输赢→⑤轮到白子→⑥绘制画面→⑦判断输赢→⑧返回第2步→⑨输出最后结果。把上面每个步骤用分别的函数来实现，问题就解决了。

面向对象的设计思路则是从另外的思路解决问题。整个五子棋可以分为：①黑白双方，这两方的行为是一模一样的；②棋盘系统，负责绘制画面；③规则系统，负责判定诸如犯规、输赢等。第一类对象（玩家对象）负责接受用户输入，并告知第二类对象（棋盘对象）棋子布局的变化，棋盘对象接收到了棋子的变化就要负责在屏幕上面显示出这种变化，同时利用第三类对象（规则系统）对棋局进行判定。

可以明显地看出，面向对象是以功能来划分问题，而不是步骤。同样是绘制棋局，这样的行为在面向过程的设计中分散在了很多步骤中，很可能出现不同的绘制版本，因为通常设计人员会考虑到实际情况进行各种各样的简化。而面向对象的设计中，绘图只可能在棋盘对象中出现，从而保证了绘图的统一。

面向对象编程的基本思想是把构成问题的各个事物分解成各个对象，建立对象的目的不是为了完成一个步骤，而是为了描述一个事物在整个解决问题的步骤中的行为。面向对象程序设计中的概念主要包括：对象、类、数据抽象、继承、动态绑定、数据封装、多态性、消息传递。这些概念使面向对象的思想得到具体的体现，分别定义如下。

（1）对象（object）：可以对其做事情的一些东西。一个对象有状态、行为和标识三种属性。

（2）类（class）：一个共享相同结构和行为的对象的集合。类定义了一件事物的抽象特点。通常来说，类定义了事物的属性和它可以做到的（它的行为）。举例来说，"狗"这个类会包含狗的一切基础特征，例如它的孕育、毛皮颜色和吠叫的能力。类可以为程序提供模板和结构。一个类的方法和属性被称为"成员"。

（3）封装（encapsulation）：第一层意思是将数据和操作捆绑在一起，创造出一个新的类型的过程。第二层意思是将接口与实现分离的过程。

（4）继承：类之间的关系，在这种关系中，一个类共享了一个或多个其他类定义的结构和行为。继承描述了类之间的"是一种"关系。子类可以对基类的行为进行扩展、覆盖、重定义。

（5）多态：类型理论中的一个概念，一个名称可以表示很多不同类的对象，这些类和一个共同超类有关。因此，这个名称表示的任何对象可以按不同的方式响应一些共同的操作集合。

（6）动态绑定：也称动态类型，指的是一个对象或者表达式的类型直到运行时才确定。通常由编译器插入特殊代码实现。与之对立的是静态类型。

（7）静态绑定：也称静态类型，指的是一个对象或者表达式的类型在编译时确定。

（8）消息传递：指的是一个对象调用了另一个对象的方法（或者称为成员函数）。

其中，封装、继承和多态是面向对象的三大特性（后面会详细讲解）。

6.2 类和对象

面向对象程序设计以对象为核心，该方法认为程序由一系列对象组成。类是对现实世界的抽象，包括表示静态属性的数据和对数据的操作，对象是类的实例化。对象间通过消息传递相互通信,模拟现实世界中不同实体间的联系。在面向对象的程序设计中,对象是组成程序的基本模块。Python 语言从设计之初就已经是一门面向对象的语言,因此 Python 中创建类和对象是很容易的。

6.2.1 类的定义

类(Class)是面向对象程序设计(Object-Oriented Programming,OOP)中的概念,是面向对象编程的基础。类是一群物种的整体名称,例如人类、动物类、植物类等,在编程语言中,类是一种用户定义的引用数据类型,也称类类型,类似于 byte、short、int(char)、long、float、double 等基本数据类型,不同的是它是一种复杂的数据类型。它是具有相同或相似性质的对象的抽象,本质是数据类型,而不是数据,所以不存在于内存中,不能被直接操作,只有被实例化为对象时,才变得可操作。

每个类包含数据说明和一组操作数据或传递消息的函数也就是类的属性和方法,用于操作自身的成员。类的属性(如:人的姓名、性别、年龄等)是对象的状态的抽象,用数据结构描述类的属性;类的操作(如:人的行为、吃饭、睡觉、运动及说话等)是对象的行为的抽象,用操作名和实现该操作的方法描述。如果一个程序里提供的数据类型与应用中的概念有直接的对应,这个程序就会更容易理解,也更容易修改。一组经过很好选择的用户定义的类会使程序更简洁。

类的构成包括成员属性和成员方法(数据成员和成员函数)。数据成员对应类的属性,类的数据成员也是一种数据类型,并不需要分配内存。成员函数则用于操作类的各项属性,是一个类具有的特有的操作,比如"学生"可以"上课",而"水果"则不能。类和外界发生交互的操作称为接口。一个类的定义包括以下 3 部分。

(1) 类名:类的名称,通常情况下首字母使用大写字母,以区分类名与其他变量名。

(2) 属性:用于描述事物的特征,例如狗的种类、颜色等特征。

(3) 方法:用于描述事物的行为,例如狗的叫声、奔跑等行为。

在 Python 中,使用 class 关键字定义一个类,其基本语法格式如下:

```
class 类名:
    类的属性
    类的方法
```

下面以狗为例,定义一个狗类,代码为

```
class Dog
    kind = '泰迪'
    color = '棕色'
    def eat(self):
        print('狗喜欢吃肉!')
```

以上实例可以看出,使用 class 定义了一个 Dog 类,有两个属性:"种类"和"颜色",一个方法"吃"。其中方法的定义与函数的定义类似,方法与函数的主要区别在于:方法定义在类中,而函数可以单独定义;方法必须显式地声明一个参数 self,而且 self 参数必须位于参数列表的开头,而函数不需要。self 参数代表类的对象本身,可以使用 self 引用属性和方法。

6.2.2 对象的创建

类是一群具有相同特征的事物,是不能具体指向某个东西的,而对象就是类的具体化,是类中具体的某个实物,所以说类是对象的抽象,对象是类的具体。类的属性和方法是不能实现的,只有具体到对象才能实现。例如"人"是一个类,而张三是"人"这个类的对象,"人"这个类具有姓名、性别、年龄等属性,但是你不能问"人"的姓名是什么,是男是女,多大年龄,只有具体到张三这个对象的时候才可以说姓名是张三,男,20 岁。

一个程序要想完成具体的功能,就需要根据类来创建实例对象。Python 语言中,创建对象的基本语法格式是:

对象名 = 类名()

例如,根据上面的 Dog 类创建一个对象 dog,代码如下:

dog = Dog()

上述代码中,大家可以看出 dog 实际上是一个变量,可以像整型变量 i、实型变量 f 等一样使用,只不过它的类型是"类"类型,可以使用它访问 Dog 类中的属性和方法,如 dog.eat()。

下面通过一个实例演示类与对象的关系,以及如何使用类创建对象。

例 6.1 创建一个"人"类,然后创建两个对象 Sara 和 Jack。

分析:首先使用 class 关键字创建一个 Person 类,包括姓名和性别等属性以及吃饭和睡觉等方法,然后创建两个对象 Sara 和 Jack,分别实现类的属性和方法。代码如下:

```
class Person:
    def eat(self,food):
        print(self.name,'喜欢吃',food)
    def sleep(self,x):
        print(self.name,'每天睡',x,'个小时')
Sara = Person()
Sara.name = 'Sara'
Sara.sex = '女'
print(Sara.name,Sara.sex)
Sara.eat('苹果')
Sara.sleep(8)
Jack = Person()
Jack.name = 'Jack'
Jack.sex = '男'
print(Jack.name,Jack.sex)
Jack.eat('草莓')
Jack.sleep(9)
```

运行结果如图 6.1 所示。

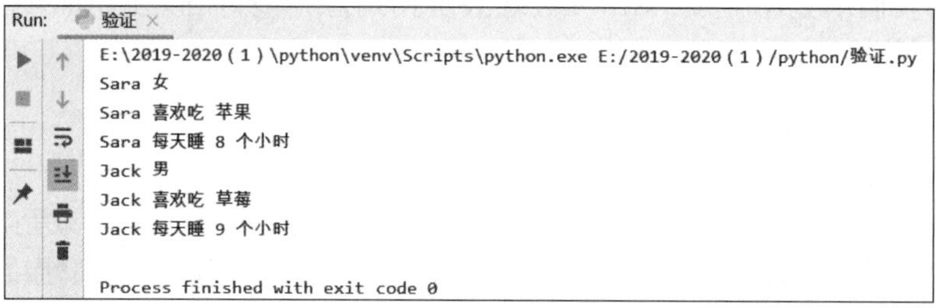

```
Run:  验证 ×
      E:\2019-2020（1）\python\venv\Scripts\python.exe E:/2019-2020（1）/python/验证.py
      Sara 女
      Sara 喜欢吃 苹果
      Sara 每天睡 8 个小时
      Jack 男
      Jack 喜欢吃 草莓
      Jack 每天睡 9 个小时

      Process finished with exit code 0
```

图 6.1 运行结果

6.2.3 构造方法和析构方法

在 Python 程序中,有两个特殊的方法,分别是构造方法_init_()和析构方法_del_()。构造方法用于初始化对象的属性,析构方法用于释放类和对象所占用的空间。构造方法和析构方法都是由编译器隐式调用的。这些方法的调用顺序取决于程序的执行进入和离开实例化对象时所在的那个作用域的顺序。一般而言,析构方法的调用顺序和构造方法的调用顺序相反,但是,对象的存储类可以改变析构函数的调用顺序。

1. 构造方法

构造方法具有初始化的作用,也就是当该类被实例化的时候就会执行该方法,也就是当一个对象被创建后,会立即调用构造方法。那么我们就可以把要先初始化的属性放到这个方法里面。类的构造方法不是必须写的,需要的时候才定义,类在实例化的时候,会自动执行它,也就是对象在定义的时候会自动执行所属类的构造方法。

Python 类中,手动添加构造方法的语法格式如下:

```
def __init__(self,...):
    代码块
```

在例 6.1 中,使用了类的属性 name 和 sex,但是由于没有在类中定义,就需要在每次创建对象的时候添加这两个属性,如果创建的对象都需要共同的属性,那么就可以在定义类的时候就将属性设置好。如例 6.2 是在例 6.1 的基础上添加了构造方法。

例 6.2 添加构造方法的代码。

```python
class Person:
    def __init__(self):
        self.name = 'jack'
        self.sex = '男'
        print(self.name,self.sex)
    def eat(self,food):
        print(self.name, '喜欢吃',food)
    def sleep(self,x):
        print(self.name,'每天睡',x,'个小时')
```

```
Sara = Person()
Sara.eat('苹果')
Sara.sleep(8)
Jack = Person()
Jack.eat('草莓')
Jack.sleep(9)
```

运行结果如图 6.2 所示。

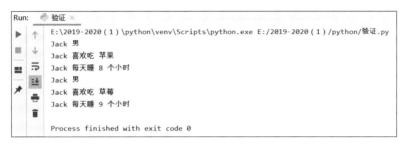

图 6.2　运行结果

由以上运行结果可以看出，当定义 Sara 对象（或 Jack 对象）即执行 Sara＝Person()语句的时候，就会调用构造方法。但是调用以后，所有对象的属性值都是相同的，也就是说，如果使用构造方法时需要的属性值都是相同的，可以直接在构造方法中赋初值；但是如果不同的对象需要的属性值是不同的，则会出现图 6.2 所示的错误结果。当不同的对象需要的属性值是不同的时候，需要对构造方法的参数进行设置，将不同对象所需要的共同属性设置为参数，此时就可以在对象定义的时候将属性值作为参数传给构造方法。

如例 6.3 就是在例 6.1 的基础上添加了带参数的构造方法。

例 6.3　添加带参数的构造方法的代码。

```
class Person:
    def __init__(self,name,sex):
        self.name = name
        self.sex = sex
        print(self.name,self.sex)
    def eat(self,food):
        print(self.name, ' 喜欢吃',food)
    def sleep(self,x):
        print(self.name,'每天睡',x,'个小时')
Sara = Person('Sara','女')
Sara.eat('苹果')
Sara.sleep(8)
Jack = Person('Jack','男')
Jack.eat('草莓')
Jack.sleep(9)
```

其运行结果跟例 6.1 的结果完全一样，由以上程序代码可以看出，只需要将对象所需要的属性值作为参数放在定义对象的语句中就可以实现不同对象的相同属性的不同值，尤其是需要创建多个对象时，设置带参数的构造方法尤为重要。

2. 析构方法

前面我们讲述了 Python 语言的构造方法,那么当对象使用完以后需要删除的时候,Python 语言就会释放类所占用的资源,此时 Python 解释器会默认调用一个析构方法。析构方法是当对象在内存中被释放时,自动触发执行。此方法一般无须定义,因为 Python 是一门高级语言,程序员在使用时无须关心内存的分配和释放,析构方法的调用是由解释器在进行垃圾回收时自动触发执行的。

Python 类中,手动添加析构方法的语法格式如下:

```
def __del__(self):
    代码块
```

下面通过一个实例演示析构方法的使用。

例 6.4 析构方法的使用。

程序代码如下:

```
class Person:
    def __init__(self,name,sex):
        self.name = name
        self.sex = sex
        print(self.name,self.sex)
    def __del__(self):
        print('释放内存!')
Sara = Person('Sara','女')
Jack = Person('Jack','男')
print('程序结束!')
```

运行结果如图 6.3 所示。

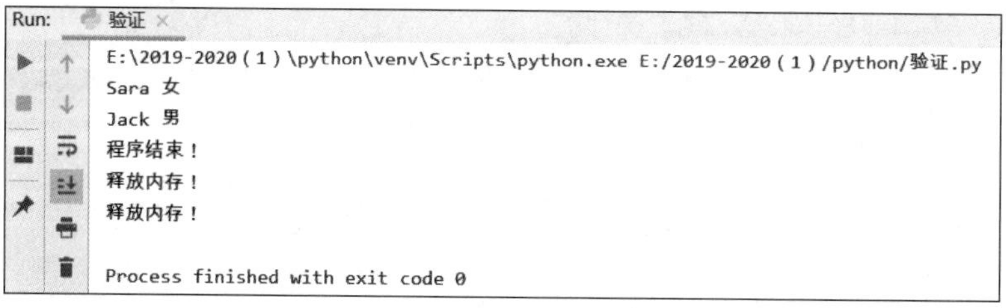

```
E:\2019-2020（1）\python\venv\Scripts\python.exe E:/2019-2020（1）/python/验证.py
Sara 女
Jack 男
程序结束!
释放内存!
释放内存!
Process finished with exit code 0
```

图 6.3　运行结果

由以上运行结果可以看出,Python 解释器会在整个程序执行完以后自动调用析构方法释放内存空间,且每执行创建一个对象就调用一次析构方法。与构造方法相同,析构方法也可以手动调用,就是使用 del 语句删除一个对象或者删除类。下面对例 6.4 进行修改,手动调用析构方法,代码如下:

```
class Person:
    def __init__(self,name,sex):
```

```
        slef.name = name
        self.sex = sex
        print(self.name,self.sex)
    def __del__(self):
        print('释放内存!')
Sara = Person('Sara','女')
Jack = Person('Jack','男')
def Sara
print('程序结束!')
```

其运行结果如图 6.4 所示。由此可见,当使用 del 语句调用析构方法删除一个对象时,会先释放该对象所占用的内存空间,再运行 del 语句下面的程序代码。但是如果使用 del 语句调用析构方法删除类时,也就是将程序代码中的 del Sara 改为 del Person,其运行结果如图 6.5 所示,此时是先执行完整个程序再释放内存。由此可知,Python 解释器自动调用析构方法是删除的类,释放类所占的内存空间。

图 6.4　运行结果

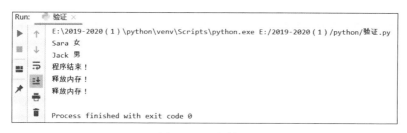

图 6.5　运行结果

注意:

(1) 构造方法和析构方法的方法名中,开头和结尾各有一个双下画线,且中间不能有空格。

(2) 在 Python 语言中,如果不手动创建一个构造方法,系统会自动为类添加一个仅包含 self 参数的构造方法。

(3) 在 Python 语言中,析构方法也是可以省略的,因为 Python 有一个垃圾收集器,可以自动处理内存管理。

6.2.4　self 的使用

在 Python 类中规定,函数的第一个参数是实例对象本身,并且约定俗成,把其名字写为 self。其作用相当于 Java 中的 this，表示当前类的对象，可以调用当前类中的属性和方法。

类是面向对象的设计思想，对象是根据类创建的。一个类(class)应该包含数据和操作数据的方法，通俗来讲就是属性和函数(即调用方法)。在类的代码(函数)中，需要访问当前实例(即对象)中的变量和函数，当然需要对应的实例对象本身。因此 Python 中就规定好了，函数的第一个参数，必须是实例对象本身，并且建议约定俗成把其名字写为 self(当然也可以写为其他名字，但是最好使用大家都熟悉的约定俗成的 self)。

下面通过例 6.3 看 self 的用法，在例 6.3 中，以下这段代码中的 self 在创建不同的对象时代表的是不同的属性值。

```
def __init__(self,name,sex):
    self.name = name
    self.sex = sex
print(self.name,self.sex)
```

当创建 Sara 对象，即执行 Sara=Person('Sara','女')语句时，self 代表的是 Sara，即 Sara.name 和 Sara.sex；当创建 Jack 对象，即执行 Jack=Person('Jack','男')语句时，self 代表的是 Jack，即 Jack.name 和 Jack.sex。

6.3 Python 面向对象三大特性

前面说过封装、继承和多态是面向对象程序设计的三大特性，下面进行详细讲解。

6.3.1 封装

封装，顾名思义就是将某些不想让别人随便修改的东西包装起来，别人只能看到包装的外表并且只能通过外表提供的接口进行操作，而不需要知道内部的原理并且不能直接修改内部的东西。例如：电视机、手机、计算机等电子产品都是封装起来的，我们使用时只需要会通过它提供的按钮来操作，不需要知道内部的结构以及操作是如何实现的。

在面向对象的编程语言中，封装就是将不想让外部随意修改的属性进行隐藏，仅对外公开接口，这样在使用此类时，将无法直接以"类对象.属性名"的形式调用这些属性，而只能用未隐藏的类方法间接操作这些隐藏的属性，以达到控制在程序中属性的读和修改的访问级别的目的。

和其他面向对象的编程语言(如 C++、Java)不同，Python 类中的变量和方法，不是公有的(类似 public 属性)，就是私有的(类似 private)，这两种属性的区别如下：

(1) public：公有属性的类变量和类方法，在类的外部、类内部以及子类(后续讲继承特性时会详细介绍)中，都可以正常访问。

(2) private：私有属性的类变量和类方法，只能在本类内部使用，类的外部以及子类都无法使用。

但是，Python 没有提供 public、private 这些修饰符。为了实现类的封装，Python 采取了下面的方法：

(1) 默认情况下,Python 类中的变量和方法都是公有(public)的,它们的名称前都没有下画线(_);

(2) 如果类中的变量和方法,其名称以双下画线(__)开头,则该变量(方法)为私有变量(私有方法),其属性等同于 private。

使用双下画线(__)对私有属性进行封装以后,需要定义一个供外界访问私有属性的方法,此方法用于设置私有属性的值和获取私有属性值,一般定义为 set_属性名和 get_属性名方法。下面通过一个实例演示封装的使用。

例 6.5 使用双下画线(__)对属性进行封装时,在方法外部不能直接访问此属性。

程序代码如下:

```
class Person:
    def __init__(self,name,sex):
        self.name = name
        self.__age = age
    def set_age(self,newage):
        self.__age = newage
    def get_age(self):
        return self.__age
sara = Person('sara',30)
print(self.name,self.sex)
```

以上代码执行后,运行结果如图 6.6 所示。

```
Run:  yz ×
E:\2019-2020(1)\python\venv\Scripts\python.exe E:/2019-2020(1)/python/yz.py
Traceback (most recent call last):
  File "E:/2019-2020(1)/python/yz.py", line 12, in <module>
    print(sara.name,sara.__age)
AttributeError: 'Person' object has no attribute '__age'

Process finished with exit code 1
```

图 6.6 运行结果

通过图 6.6 可以看到有一个 AttributeError:'Person' object has no attribute '__age'错误,错误提示 Person 中没有属性__age,也就是说在 print(sara.name,sara.__age)语句中没有属性__age。原因就是在 Person 类的构造方法中定义年龄属性的时候前面加了双下画线(定义为__age),说明此属性是私有的,外部不能直接使用,要想在外部使用,必须通过方法来获取。将以上代码修改为如下代码:

```
class Person:
    def __init__(self,name):
        self.name = name
    def set_age(self,newage):
        self.__age = newage
    def get_age(self):
        return self.__age
sara = Person('sara')
```

```
sara.set_age(30)
print(sara.name,sara.get_age())
```

此时运行结果如图 6.7 所示。

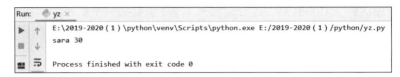

图 6.7　运行结果

此时可以看到，运行结果是正确的，此时的私有属性__age 是通过 set_age()方法设置值，通过 get_age()方法获取属性值。

6.3.2　继承

面向对象编程（OOP）语言的一个主要功能就是"继承"。现实生活中，子女可以继承父母的遗产，面向对象中的继承跟这个类似，就是一个类可以直接使用另一个类的属性和方法，而不需要重新定义。通过继承创建的新类称为"子类"或"派生类"，被继承的类称为"基类""父类"或"超类"，一般称"父类"。例如，"人"类和"学生"类，因为学生首先是一个人，因此具备"人"这个类的所有属性和方法，同时"学生"类又具有一些"人"类没有的特性（如所属学校、学号、班级等属性和学习、考试等方法），因此"学生"类可以继承"人"类，此时"学生"类就是"子类"或"派生类"，而"人"类就是"基类""父类"或"超类"。

与 Java 语言不同，Python 语言的继承有单继承和多继承两种，下面进行详细讲解。

1. 单继承

单继承就是一个类只能有一个父类，也就是只能继承自一个类，不能同时继承多个类，但是一个父类可以同时有多个子类，如图 6.8 所示。单继承是继承中比较常用的一种继承，单继承的基本语法格式如下：

```
class 子类名(父类名)
    子类代码块
```

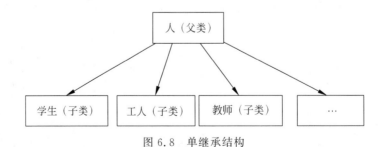

图 6.8　单继承结构

下面通过实例演示类的单继承关系。

例 6.6 定义一个 Person 类,然后定义一个 Student 类继承 Person 类。程序代码如下:

```
class Person:
    def __init__(self,name,age):
        self.name = name
        self.age = age
classStudent:
    pass
sara = Student('sara',30)
print(sara.name,sara.age)
```

以上代码执行后,运行结果同创建 sara 对象时定义为 Person 类的结果是一样的,如图 6.7 所示。通过以上代码可以看到,Student 类中是空语句,而创建 sara 对象为 Student 类,说明 Student 类继承了 Person 类,因此具有 Person 类的所有属性和方法。

现实生活中,继承的财产是可以作为自己的财产继承让自己的孩子继承的,也就是多层继承,例如:爸爸继承了爷爷的房产,而儿子又继承了爸爸的,因此儿子实际上是间接地继承了爷爷的房产。而在面向对象编程中也是可以多层继承的,例如在上面的例子中可以再定义一个在职学生类 JobStu,让 JobStu 类继承 Student 类,具体代码如下:

```
class Person:
    def __init__(self,name,age):
        self.name = name
        self.age = age
class Student(Person):
    pass
class JobStu(Student):
    pass
zs = JobStu('张三',40)
print(zs.name,zs.age)
```

以上代码执行后,运行结果如图 6.9 所示,可以看出创建的对象 zs 是 JobStu 类,其中的代码是 pass 空语句,但是我们可以使用 zs.name 和 zs.age 属性,说明 JobStu 类使用了 Person 类中定义的属性,也就是 JobStu 类继承 Student 类,Student 类又继承 Person 类,即 JobStu 类间接继承了 Person 类。

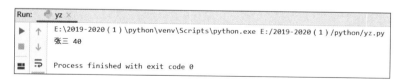

图 6.9 运行结果

注意:子类在继承父类的时候,只能继承父类的公有属性和方法,不能继承父类的私有属性和方法,更不能直接访问父类的私有属性和方法,下面通过实例演示继承的注意事项。

例 6.7 继承父类的私有属性和方法。程序代码如下:

```
class Person:
    def __init__(self,name,age):
        self.name = name
        self.__age = age
    def set_age(self,newage):
        self.__age = newage
    def get_age(self):
        return self.__age
    def __test(self):
        print('--- self ---')
class Student(Person):
    def test(self):
        print(self.__age)
        self.__test()
zs = Student('张三',16)
zs.test()
```

运行结果如图 6.10 所示,通过结果可以看到,程序出现错误,错误原因是 Student 类的 test 方法中访问了 Person 类中的私有属性__age 和私有方法__test。

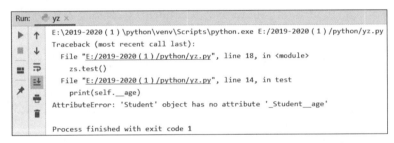

图 6.10　运行结果

2．多继承

与 Java 语言不同,Python 语言可以实现多继承。例如:一个在职学生,他既是学生,又是工人,也就是既具有学生的属性和方法,又具有工人的属性和方法,因此可以说他有两个父类,此时让他同时继承学生类和工人类即可,这就是多继承,如图 6.11 所示。多继承的基本语法格式如下:

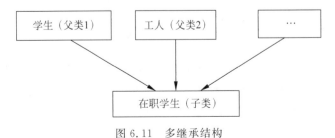

图 6.11　多继承结构

下面通过实例演示多继承的使用。

例 6.8 定义 JobStu 类,使其同时继承 Student 类和 Worker 类。程序代码如下：

```python
class Worker:
    def work(self):
        print('我是一个工人,每天工作 8 小时!')
class Student():
    def study(self):
        print('我是一个学生,每天上 8 节课!')
class JobStu(Student,Worker):
    pass
zs = JobStu()
zs.work()
zs.study()
```

程序运行结果如图 6.12 所示,由结果可以看出 JobStu 类同时继承了 Student 类和 Worker 类,虽然 JobStu 类的内容为空语句,但是可以直接使用 Worker 类的 work()方法和 Student 类的 study()方法。

图 6.12　运行结果

当然,子类继承多个父类时,子类也可以使用父类的带参数的构造方法,但是此时使用的是第一个父类的构造方法,下面以实例来理解。

例 6.9 多继承中继承带参数的构造方法。程序代码如下：

```python
class Worker:
    def __init__(self,name,work):
        self.name = name
        self.work = work
class Student():
    def __init__(self,id):
        self.id = id
class JobStu(Student,Worker):
    pass
zs = JobStu('20190101')
zs.name = '张三'
zs.work = '电工'
print(zs.name,zs.work,zs.id)
```

程序运行结果如图 6.13 所示,从程序代码可以看出,JobStu 类的第一个父类是 Student 类,因此,在创建对象 zs 的时候,传入的参数必须是 Student 类中构造方法的参数,如果将 JobStu 类的父类改为：

```
class JobStu(Worker,Student):
```

那么就应该将创建对象时的参数修改为 Worker 类中构造方法的参数'张三'和'电工',而学号需要单独赋值,具体改为:

```
zs = JobStu('张三','电工')
zs.id = '20190101'
```

此时的输出结果完全相同,否则就会报错。

图 6.13　运行结果

3. 覆盖和重写

在继承关系中,子类自动继承父类的属性和方法,但是有些时候子类继承过来的属性和方法需要有自己的名字和实现方式,此时可以在子类中对父类的属性和方法进行重新赋值或者重新写入。一般属性的重新赋值叫覆盖,方法的重新写入叫重写。覆盖和重写时注意,子类需要覆盖的属性名称必须与父类的属性名完全相同,子类需要重写的方法名和参数列表必须与父类的方法名和参数列表完全相同。

下面通过实例演示覆盖和重写的使用。

例 6.10　覆盖。程序代码如下:

```
class Person:
    def __init__(self):
        self.name = '张三'
        self.age = 15
    def speak(self):
        print('我是一个人!')
class Student(Person):
    def __init__(self):
        self.name = '张丽'
        self.age = 20
    def speak(self):
        print('我是一个学生!')
st = Student()
print(st.name,st.age)
```

程序运行结果如图 6.14 所示,由代码可以看到 Student 类继承了 Person 类,但是在 Student 类的构造方法中对 name 和 age 属性进行了重新赋值,因此覆盖了原来的"张三"和 15,输出结果是"张丽"和 20。

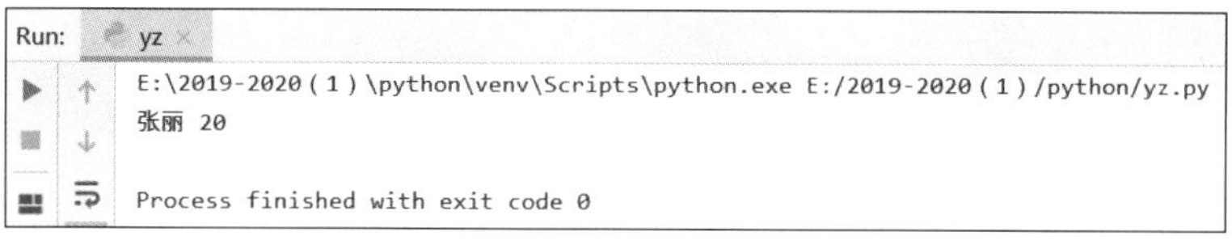

例 6.11 重写。程序代码如下：

```
class Person:
    def speak(self):
        print('我是一个人！')
class Student(Person):
    def speak(self):
        print('我是一个学生！')

zs = Student()
zs.speak()
```

程序运行结果如图 6.15 所示，由代码可以看到 Student 类继承了 Person 类，但是在 Student 类中对 speak 方法进行了重新赋值，因此覆盖了原来的"我是一个人！"，输出结果是"我是一个学生！"。

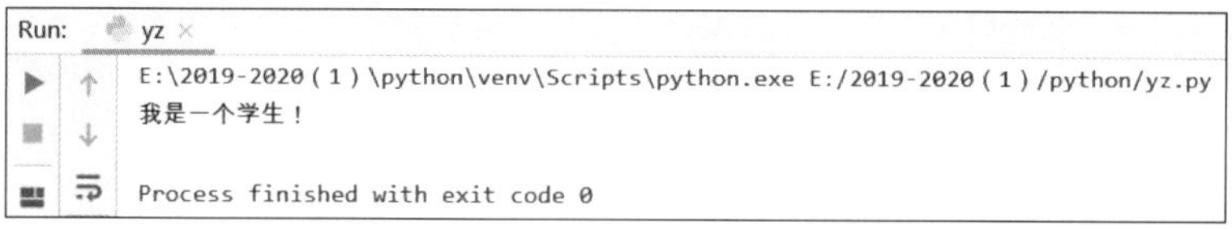

图 6.15 运行结果

6.3.3 多态

多态（Polymorphism）按字面的意思就是"多种状态"。在面向对象语言中，多态就是可以使用相同的方法名实现不同的功能，就是说可以用一个方法名调用不同内容（功能）的方法。Python 的多态性是指：在不考虑实例类型的情况下使用实例，也就是说不同类型的实例有相同的调用方法，比如人、猫、狗等只要是继承了 Animal 就可以直接调用它的 move()方法。继承是多态的基础，没有继承就没有多态，并且子类必须重写父类的方法。多态的特点有：

（1）只关心对象的实例方法是否同名，不关心对象所属的类型。
（2）对象所属的类之间，继承关系可有可无。
（3）多态可以增加代码的外部调用灵活度，让代码更加通用，兼容性比较强。
（4）多态是调用方法的技巧，不会影响到类的内部设计。
下面通过实例演示多态的使用。

例 6.12 定义一个 Animal 类，其中含有 move()方法，再定义一个 Dog 类和 Fish 类都继承动物类，修改其中的 move()方法。程序代码如下：

```
class Animal():              #同一类事物：动物
    def move(self):
        pass
class Dog(Animal):#动物的形态之一：狗
    def move(self):
        print('----狗在奔跑----')
class Fish(Animal):          #动物的形态之二：鱼
    def move(self):
        print('----鱼在游泳----')
dog = Dog()
fish = Fish()
dog.move()
fish.move()
```

以上代码中，子类 Dog 和 Fish 都重写了父类中的 move()方法，然后创建了对象 dog 和 fish，使用对象分别调用了 move()方法，但是执行以后的结果是不一样的。运行结果如图 6.16 所示。

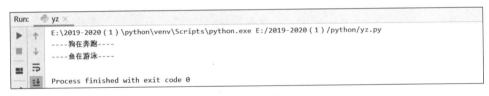

图 6.16　运行结果

6.4　类属性与类方法

Python 语言中一切皆是对象：class AAA：定义的类属于类对象，obj1 = AAA() 创建的对象属于实例对象。使用类创建出来的对象叫作类的实例，创建对象的动作叫作实例化，对象的属性叫作实例属性，对象调用的方法叫作实例方法。在程序执行时，对象各自拥有自己的实例属性，调用自己的实例方法，可以通过 self 访问自己的属性和调用自己的方法。在 Python 中，类是一个特殊的对象——类对象，在程序运行时，类同样会被加载到内存，类对象在内存中只有一份，使用一个类可以创建出很多个对象实例，除了封装实例的属性和方法外，类对象还可以拥有自己的属性和方法，称为类属性和类方法，通过类名的方式可以访问类的属性或者调用类的方法。

6.4.1　类属性

类属性就是类所拥有的属性，通常用来记录与这个类相关的特征，类属性不会用于记录具体对象的特征。类属性需要在类中显式定义（位于类中所有方法的外部，定义在方法内部的属性是实例属性），能被类的所有实例共用。定义类属性的基本格式如下：

```
class 类名:
    类属性
    def 方法名():
        实例属性
```

下面通过实例演示类属性的使用。

例 6.13 定义一个 Dog 类,在类中定义一个类属性 count 用来计数。程序代码如下:

```
class Dog():
    count = 0                    #使用赋值语句,定义类属性,记录创建 Dog 对象的总数
    def _init_(self,name):
        self.name = name
        Dog.count + = 1          #针对类属性做计数 +1

d1 = Dog('小黑')                  #创建 Dog 对象
d2 = Dog('小黄')
d3 = Dog('小白')
#输出使用 Dog 类创建的对象个数和名称
Print('现在有 % d 只狗'% Dog.count,'分别是:',d1.name, d2.name, d3.name)
```

以上代码可以看到,count 是一个类属性,在构造方法中可以直接使用,使用方法是 Dog(类名).count,而不是 d1(对象).count,因为此处使用的是任何一个实例创建时,计数值 count 都要加 1,并且 count 必须定义在构造方法之外。运行结果如图 6.17 所示。

```
Run:    类属性 ×
    ↑    E:\2019-2020(1)\python\venv\Scripts\python.exe E:\2019-2020(1)\python\类属性.py
    ↓    现在有 3 只狗 ,分别是: 小黑 小黄 小白

         Process finished with exit code 0
```

图 6.17 运行结果

当然类属性也可以被实例访问,以上代码可以修改为如下形式:

```
class Dog():
    count = 0                    #使用赋值语句,定义类属性,记录创建 Dog 对象的总数
    def _init_(self,name):
        self.name = name

d1 = Dog('小黑')                  #创建 Dog 对象
d1.count + = 1
Print('现在有 % d 只狗'% d1.count)  #输出使用 Dog 类创建的对象个数
```

由以上代码可以看到,count 属性虽然是类属性,但是也可以通过实例 d1.count 的方式使用。运行结果如图 6.18 所示。

```
Run:    类属性 ×
    ↑    E:\2019-2020(1)\python\venv\Scripts\python.exe E:\2019-2020(1)\python\类属性.py
    ↓    现在有 1 只狗

         Process finished with exit code 0
```

图 6.18 运行结果

以上可以看出,类属性既可以使用类名访问,也可以使用实例名访问,但是一般情况下我们提倡使用类名访问类属性。原因如下。

(1) 使用实例名访问类属性时,可能会出现你不想要的结果,例如将以上代码修改如下,运行结果如图 6.19 所示。

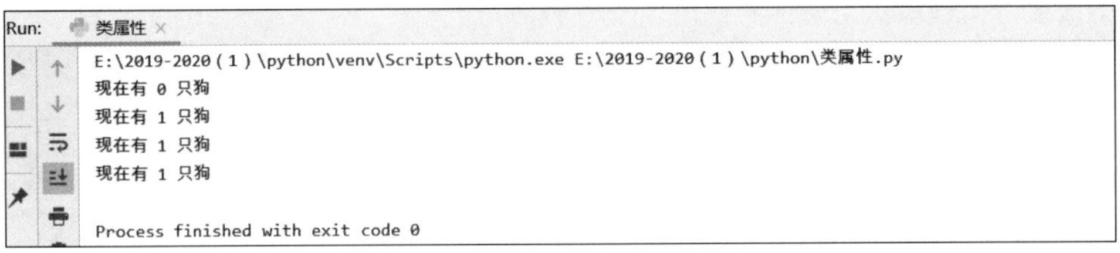

```
E:\2019-2020(1)\python\venv\Scripts\python.exe E:\2019-2020(1)\python\类属性.py
现在有 0 只狗
现在有 1 只狗
现在有 1 只狗
现在有 1 只狗

Process finished with exit code 0
```

图 6.19　运行结果

(2) 如果出现类属性和实例属性具有相同名称的情况,那么访问类属性只能使用类名,如果使用实例名则访问到的是实例属性。

```
class Dog():
    count = 0                #使用赋值语句,定义类属性,记录创建 Dog 对象的总数
    def _init_(self,name):
        self.name = name

#创建 Dog 对象
d1 = Dog('小黑')
d1.count + = 1
d2 = Dog('小黄')
d2.count + = 1
d3 = Dog('小白')
d3.count + = 1
#输出使用 Dog 类创建的对象个数
print('现在有 % d 只狗'% Dog.count)
print('现在有 % d 只狗'% d1.count)
print('现在有 % d 只狗'% d2.count)
print('现在有 % d 只狗'% d3.count)
```

6.4.2　类方法

类方法就是针对类对象定义的方法,在类方法内部可以直接访问类属性或者调用其他的类方法。其基本语法格式如下:

```
class 类名:
    @classmethod
    def 类方法名(cls):
        方法体
```

类方法需要用修饰器@classmethod 来标识,告诉解释器这是一个类方法。类方法的第一个参数应该是 cls,由哪一个类调用的方法,方法内的 cls 就是哪一个类的引用,这个参数和实例方法的第一个参数是 self 类似(使用其他名称也可以,不过习惯使用 cls)。通过"类名. 类方法"名来调用类方法,调用方法时不需要传递 cls 参数,在方法内部,可以通过"cls. 属性"来访问类的属性,也可以通过"cls. 方法"调用其他的类方法。既可以通过类名调用类方法,也可以通过对象名调用类方法,这两种方式是一样的。

下面通过实例演示类方法的使用。

例 6.14 定义一个动物类,类中定义类属性 count、构造方法和类方法,使用 count 和 show_count 统计创建的对象个数。程序代码如下:

```
class Animal(object):
    count = 0
    def __init__(self,name):
        self.name = name
        Animal.count += 1
    @classmethod
    def show_count(cls):
        print('一共创建了',cls.count,'个动物')

a1 = Animal('狗')
a2 = Animal('猫')
a3 = Animal('老鼠')
Animal.show_count()
```

通过以上代码可以看出,类方法 show_count 和普通方法的区别在于,类方法前面有修饰器@classmethod,执行程序以后的运行结果如图 6.20 所示。

图 6.20 运行结果

6.5 游戏模块——pygame 模块

本项目是制作一个小游戏,因此还需要用到一个专门的游戏模块——pygame 模块。pygame 是 Python 专门用来制作游戏的一个模块,可以显示文字,绘制图形(比如圆形、三角形等),显示图片,实现动画效果,能够与键盘、鼠标、游戏手柄等外设交互,播放声音,支持碰撞检测。下面简单介绍 pygame 模块中常用到的一些模块和方法。

6.5.1 安装 pygame

由于 Pycharm 本身没有游戏模块,因此使用时首先需要安装第三方库 pygame 模块,安装步骤如下：

(1) 打开 Pycharm，选择 File 中的 Setting 命令，如图 6.21 所示。

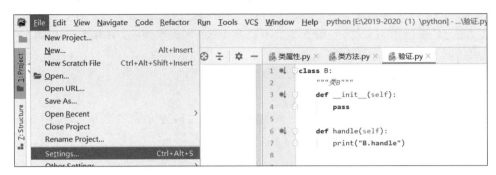

图 6.21　选择 Setting 命令

(2) 打开 Setting 对话框，单击其中的 Project：python 命令下的 Project Interpreter，如图 6.22 所示。

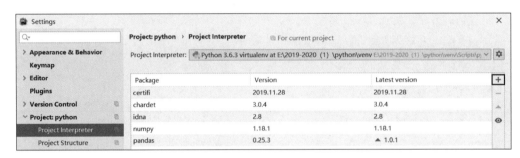

图 6.22　Setting 对话框

(3) 单击上图中红色方框圈出来的"＋"，打开如图 6.23 所示的对话框。

(4) 在搜索栏输入 pygame，会找到如图 6.24 所示的库。

(5) 单击上图中红色方框圈出来的 Install Package 按钮，会进入 pygame 模块的安装，这个过程可能需要几分钟，安装完成后会显示如图 6.25 所示界面。

此时第三方库 pygame 模块安装完成，在程序中可以直接使用了。

6.5.2　使用 pygame 模块

在安装好了 pygame 模块以后，我们只需要在程序的开头使用 import pygame 将它包含进来即可以使用。在使用时，根据需要选择 pygame 模块中的函数进行设置，下面针对本项目的内容简单了解 pygame 模块中常用的一些函数。

1. init()方法

init()方法的作用是对 pygame 进行初始化，在使用 pygame 提供的所有功能之前，需要调用 init 方法，调用方法是使用 pygame.init()语句。

项目6 "乌龟吃鱼"小游戏——Python面向对象编程

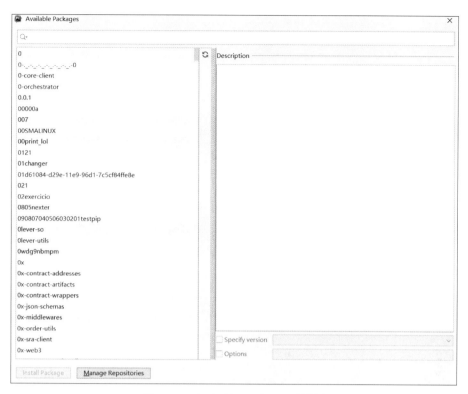

图 6.23 Avaliable Packages 对话框

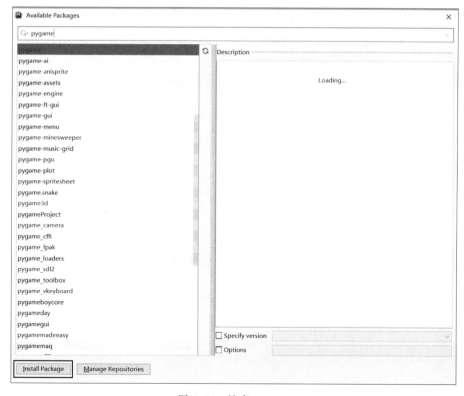

图 6.24 搜索 pygame

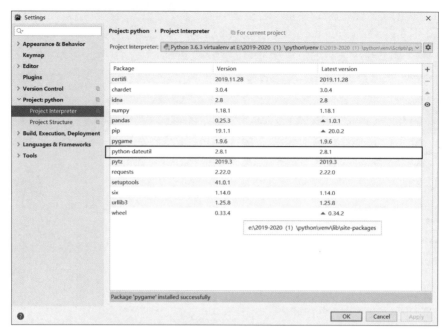

图 6.25 安装完成界面

2. display 模块

display 模块可控制 pygame 显示,该模块中常用的方法如下:

```
pygame.display.init—初始化显示模块
pygame.display.quit—取消初始化显示模块
pygame.display.get_init—如果已初始化显示模块,则返回 True
pygame.display.set_mode—初始化窗口或屏幕以进行显示
pygame.display.get_surface—获取当前设置的显示表面的参考
pygame.display.flip—将完整显示 Surface 更新到屏幕
pygame.display.update—更新屏幕的部分以显示软件
pygame.display.get_driver—获取 pygame 显示后端的名称
pygame.display.Info—创建视频显示信息对象
pygame.display.get_wm_info—获取有关当前窗口系统的信息
pygame.display.list_modes—获取可用的全屏模式列表
pygame.display.mode_ok—为显示模式选择最佳颜色深度
pygame.display.gl_get_attribute—获取当前显示的 OpenGL 标志的值
pygame.display.gl_set_attribute—请求显示模式的 OpenGL 显示属性
pygame.display.get_active—当显示器在显示器上处于活动状态时返回 True
pygame.display.iconify—图标化显示表面
pygame.display.toggle_fullscreen—在全屏和窗口显示之间切换
pygame.display.set_gamma—更改硬件 Gamma 坡道
pygame.display.set_gamma_ramp—使用自定义查找更改硬件 Gamma 坡道
pygame.display.set_icon—更改显示窗口的系统图像
pygame.display.set_caption—设置当前窗口标题
pygame.display.get_caption—获取当前窗口标题
pygame.display.set_palette—设置索引显示的显示调色板
```

在此项目中我们用到的是游戏界面设置中的初始化窗口 set_mode() 方法、设置界面标题 set_caption() 方法以及更新内容到窗口 update() 方法等。

3. image 模块

pygame.image 是用于图像传输的 pygame 模块,该模块中比较常用的方法如下:

```
pygame.image.load()——从文件加载新图片
pygame.image.save()——将图像保存到磁盘上
pygame.image.get_extended()——检测是否支持载入扩展的图像格式
pygame.image.tostring()——将图像转换为字符串描述
pygame.image.fromstring()——将字符串描述转换为图像
pygame.image.frombuffer()——创建一个与字符串描述共享数据的 Surface 对象
```

4. font 模块

pygame.font 是 pygame 中加载和表示字体的模块,该模块中常用的方法如下:

```
pygame.font.init()——初始化字体模块
pygame.font.quit()——还原字体模块
pygame.font.get_init()——检查字体模块是否被初始化
pygame.font.get_default_font()——获得默认字体的文件名
pygame.font.get_fonts()——获取所有可使用的字体
pygame.font.match_font()——在系统中搜索一种特殊的字体
pygame.font.SysFont()——从系统字体库创建一个 Font 对象
```

5. event 模块

pygame.event 是用于处理事件与事件队列的 pygame 模块。其中比较常用的方法如下:

```
pygame.event.pump()——让 pygame 内部自动处理事件
pygame.event.get()——从队列中获取事件
pygame.event.poll()——从队列中获取一个事件
pygame.event.wait()——等待并从队列中获取一个事件
pygame.event.peek()——检测某类型事件是否在队列中
pygame.event.clear()——从队列中删除所有的事件
pygame.event.event_name()——通过 id 获得该事件的字符串名字
pygame.event.set_blocked()——控制哪些事件禁止进入队列
pygame.event.set_allowed()——控制哪些事件允许进入队列
pygame.event.get_blocked()——检测某一类型的事件是否被禁止进入队列
pygame.event.set_grab()——控制输入设备与其他应用程序的共享
pygame.event.get_grab()——检测程序是否共享输入设备
pygame.event.post()——放置一个新的事件到队列中
pygame.event.Event()——创建一个新的事件对象
pygame.event.EventType——代表 SDL 事件的 pygame 对象
pygame.event.type——SDL 事件类型标识符
```

在此项目中我们用到的是从队列中获取事件 get() 方法，获取到事件以后，我们需要根据 event 事件的类型（type）判断需要做什么操作，type 是只读的，预定义事件标识符有 QUIT、KEYDOWN 和 MOUSEMOTION 等。

以上是 pygame 模块中的比较常用到的一些内容，如果大家想设计大的游戏需要自行学习游戏模块 pygame。

三、项目实现

按照本项目的要求，通过项目描述和分析，本项目主要使用了循环语句、分支语句以及 break 语句和 continue 语句，并且使用了语句的嵌套。根据项目的具体实现情况，循环语句采用了 while 语句，本项目的程序中用到的图片均保存在 E:/2019-2020(1)/python/img 目录下。具体程序代码如下：

```python
import random
import pygame

class Turtle(object):
    """
        乌龟类：
            属性：(x,y), power
            方法：move(), eat()
    """
    def __init__(self):
        self.x = random.randint(50, width - 50)
        self.y = random.randint(50, height - 50)
        self.power = 100
    def move(self, new_x, new_y):
        """乌龟移动的方法"""
        self.x = new_x % width
        self.y = new_y % height
    def eat(self):
        """乌龟吃鱼"""
        self.power += 20
        print("乌龟吃到鱼，能量+20！")

class Fish(object):
    """
        食物类：
            属性：(x,y)
            方法：move()
    """
    def __init__(self):
        self.x = random.randint(50, width - 50)
        self.y = random.randint(50, height - 50)
    def move(self):
        #鱼的最大移动能力是1当移动到场景边缘
        move_skills = [-8]
        # 计算鱼最新的x轴坐标;()
        new_x = self.x + random.choice(move_skills)
```

```python
            # 当移动到场景边缘从头开始
            self.x = new_x % width
def main():
    pygame.init()
    # 显示游戏界面
    screen = pygame.display.set_mode((width, height))
    # 设置界面标题
    pygame.display.set_caption("乌龟吃鱼游戏")
    # 加载游戏中需要的图片
    bg = pygame.image.load('E:/2019-2020(1)/python/img/bg.jpg').convert()
    turtleImg = pygame.image.load('E:/2019-2020(1)/python/img/wugui.jpg').convert_alpha()
    fishImg = pygame.image.load('E:/2019-2020(1)/python/img/fish.jpg').convert_alpha()
    hd_width, hd_height = fishImg.get_width(), fishImg.get_height()
    sc_width, sc_height = turtleImg.get_width(), turtleImg.get_height()
    # 设置分数显示参数信息(显示位置、字体颜色、字体大小)
    scoreCount = 0
    font = pygame.font.SysFont('arial', 30)   # 系统设置字体的类型和大小
    # 颜色表示法:RGB (255,0,0)-红色 (255,255,255)-白色 (0,0,0)-黑色
    score = font.render("Score: %s" % (scoreCount), True, (0, 0, 0))
    # 创建一个Clock对象,跟踪游戏运行时间
    fpsClock = pygame.time.Clock()
    # 创建一只乌龟和15条鱼
    turtle = Turtle()
    fishes = [Fish() for item in range(15)]
    while True:
        for event in pygame.event.get():
            if event.type == pygame.QUIT:
                print("游戏结束......")
                exit(0)
            elif event.type == pygame.KEYDOWN:
                if event.key == pygame.K_UP:
                    # 向上移动乌龟多少个像素
                    turtle.move(turtle.x, turtle.y - 10)
                elif event.key == pygame.K_DOWN:
                    turtle.move(turtle.x, turtle.y + 10)
                elif event.key == pygame.K_LEFT:
                    # 向左移动乌龟多少个像素
                    turtle.move(turtle.x - 10, turtle.y)
                elif event.key == pygame.K_RIGHT:
                    turtle.move(turtle.x + 10, turtle.y)
        # 绘制背景和分数
        screen.blit(bg, (0, 0))
        screen.blit(score, (200, 20))
        # 绘制鱼,并实现鱼的移动
        for hd in fishes:
            screen.blit(fishImg, (hd.x, hd.y))
            hd.move()
```

```python
    # 绘制乌龟
    screen.blit(turtleImg, (turtle.x, turtle.y))
    # 判断游戏是否结束:当乌龟能量值为0(挂掉)或者鱼的数量为0时游戏结束
    if turtle.power == 0:
        print("游戏结束:乌龟能量值为0")
        exit(1)
    if len(fishes) == 0:
        print("游戏结束:鱼的数量为0")
        exit(2)
        # 判断乌龟是否吃到鱼:乌龟和鱼的坐标值相同,则认为吃掉
    for hd in fishes:
        if 0 < turtle.x - hd.x < 50 and 0 < turtle.y - hd.y < 50:
            # 增加乌龟的能量值
            turtle.eat()
            # 移除被吃掉的鱼
            fishes.remove(hd)
            # 增加得分
            scoreCount += 10
            # 重新设置得分信息
            score = font.render("Score: %s" % (scoreCount), True, (0, 0, 0))
            # 更新内容到游戏窗口
    pygame.display.update()
    fpsClock.tick(10)  # 每秒更新10帧

if __name__ == '__main__':
    width = 785
    height = 570
    main()
```

运行结果如图6.26和图6.27所示。

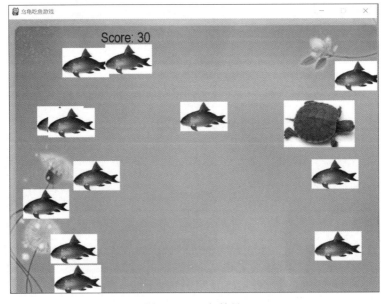

图6.26 运行结果

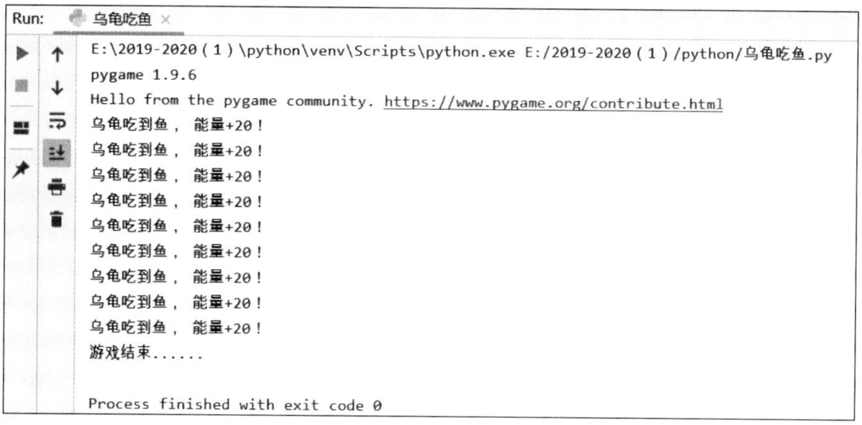

图 6.27　运行结果

四、项目总结

本项目介绍了 Python 的面向对象编程,面向对象的核心是类和对象。本章主要讲解了面向对象的概念和特性、类的定义与使用、对象的创建和使用、类的构造方法和析构方法、Python 中 self 的作用、面向对象的三大特性——封装、继承和多态。通过对这些内容的学习,大家应该掌握 Python 语言的面向对象编程的方法和技巧,并能够熟练运用。

五、项目拓展

（1）编程设计一个圆类,包括圆心、半径等属性,构造方法以及计算圆的周长和面积的方法,并进行测试。

（2）编程设计一个动物类,然后设计一个狗类和猫类分别继承自动物类,实现动物类的不同叫法。

提示：实现动物的不同叫法,可以在狗类和猫类中重写动物类中动物叫的方法。

（3）设计一个学生类,包括姓名、年龄、三门课的成绩属性和构造方法以及获取三门课中平均分的方法,要求姓名和年龄使用封装形式,外部不能改变。

提示：学生姓名和年龄使用封装,定义时前面加上双下画线,需要设计设置和获取学生姓名和年龄的方法(set_name()、get_name()、set_age()和 get_age())。

（4）编写程序,编写一个学生类,要求有一个计数器的属性,统计总共实例化了多少个学生。

提示：统计总共实例化的学生的个数,需要使用类属性。

（5）设计一个鸟类包含飞翔方法,一个鱼类包含遨游方法,再设计一个水鸟类,创建一个水鸟对象,使水鸟对象既能飞翔也能遨游。

提示：水鸟类使用多继承,继承自鸟类和鱼类。

课后习题

1. 选择题

(1) 关于面向过程和面向对象,下列说法错误的是(　　)。
　A. 面向过程和面向对象都是解决问题的一种思路
　B. 面向过程是基于面向对象的
　C. 面向过程强调的是解决问题的步骤
　D. 面向对象强调的是解决问题的对象

(2) 构造方法的作用是(　　)。
　A. 一般成员方法　　B. 类的初始化　　C. 对象的初始化　　D. 对象的建立

(3) 关于类和对象的关系,下列描述正确的是(　　)。
　A. 类是面向对象的核心
　B. 类是现实中事物的个体
　C. 对象是根据类创建的,并且一个类只能对应一个对象
　D. 对象描述的是现实的个体,它是类的实例

(4) Python 类中包含一个特殊的变量(　　),它表示当前对象自身,可以访问类的成员。
　A. self　　B. me　　C. this　　D. 与类同名

(5) 构造方法是类的一个特殊方法,Python 中它的名称为(　　)。
　A. 与类同名　　B. _construct　　C. _init_　　D. init

(6) 在 Python 语言的继承关系中,子类(　　)继承父类的属性和方法。
　A. 自动　　B. 不能　　C. 不自动　　D. 可以

(7) Python 中类的定义不包括(　　)部分。
　A. 类名　　B. 属性　　C. 方法　　D. 函数

(8) 下面哪一个不是面向对象程序设计的三大特性。(　　)
　A. 继承　　B. 多态　　C. 方法　　D. 封装

(9) 下面关于类属性说法正确的是(　　)。
　A. 类属性就是类所拥有的属性,通常用来记录与这个类相关的特征
　B. 类属性不会用于记录具体对象的特征
　C. 类属性需要在类中显式定义(位于类中所有方法的外部,定义在方法内部的属性是实例属性)
　D. 类属性不能被类的所有实例共用

(10) Python 中用于释放类占用资源的方法是(　　)。
　A. __init__　　B. __del__　　C. _del　　D. delete

2. 判断题

(1) 面向对象是一种以对象为核心的编程思想。(　　)

(2) 封装就是将数据和操作捆绑在一起,创造出一个新的类型的过程。(　　)
(3) 面向对象是基于面向过程的。(　　)
(4) Python 类中变量和方法的属性只有公有和私有两种类型。(　　)
(5) 方法和函数的格式是完全一样的。(　　)
(6) 创建类的对象时,系统会自动调用构造方法进行初始化。(　　)
(7) 类是对象的抽象,对象是类的具体。(　　)
(8) 类中封装的属性可以直接以"类对象.属性名"的形式直接调用。(　　)
(9) Python 语言的继承有单继承和多继承两种。(　　)
(10) Python 语言中一切皆是对象。(　　)

3．填空题

(1) 在 Python 中,可以使用_____关键字来声明一个类。
(2) 在面向对象的程序设计中,_____是组成程序的基本模块。
(3) 类的方法中必须有一个_____参数,位于参数列表的开头。
(4) Python 提供了名称为_____的构造方法,实现让类的对象完成初始化。
(5) Python 专门用来制作游戏的模块是_____。
(6) Python 中安装好了模块以后,我们只需要在程序的开头使用_____将它包含进来即可以使用。
(7) 类方法需要用修饰器_____来标识,告诉解释器这是一个类方法。
(8) Python 中类属性既可以使用_____访问,也可以使用_____访问,但是一般情况下我们提倡使用_____访问类属性。
(9) Python 语言的继承关系中属性的重新赋值叫_____,方法的重新写入叫_____。
(10) 通过继承创建的新类称为_____,被继承的类称为_____。

4．简答题

(1) 简述面向对象程序设计和面向过程编程设计方法的区别。
(2) 简述方法与函数的主要区别。
(3) 简述类与对象的关系。
(4) Python 语言中继承关系中的覆盖和重写时需要注意什么问题?
(5) 简述多态的概念。

项目 7 数据库连接(MySQL)

一、项目分析

(一)项目描述

在 MySQL 里创建学生信息数据库 stu,使用 Python 语言连接 stu 数据库,并在 Python 语句里执行以下操作:

(1) 创建学生表,并命名为 stu1,表结构如表 7.1 所示。

表 7.1 数据表

列 名	数据类型	约 束
id	int	主键
name	char(8)	不可为空
age	int	不可为空
sex	char(2)	不可为空

(2) 将数据导入 stu1 表,数据如下:
(20170102,'wangbing',18,'F'),
(20170103,'liuqiang',19,'M'),
(20170104,'litao',20,'M'),
(20170105,'liuhua',18,'F');
(3) 查看 stu1 表的全部信息。
(4) 将 stu1 表中的 liuhua 的年龄改为 19 并查询。
(5) 删除 stu1 表中 sex 为 F 的信息并查询。

(二)项目目标

➢ 掌握数据库的基本操作。
➢ 掌握 Python 语言连接数据库操作。
➢ 结合 Python 语句和 MySQL 语句对数据库进行基本操作。

（三）项目难点

重点：
➢ 数据库的基本操作语句。
➢ 用 Python 连接数据库。

难点：
➢ 数据库的基本操作。
➢ 如何使用 Python 连接数据库。

二、知识加油站

MySQL 是一个关系型数据库管理系统，由瑞典 MySQL AB 公司开发，目前属于 Oracle 旗下产品。MySQL 是最流行的关系型数据库管理系统之一，在 Web 应用方面，MySQL 是最好的关系数据库管理系统（Relational Database Management System，RDBMS）应用软件之一。

MySQL 是一种关系数据库管理系统，关系数据库将数据保存在不同的表中，而不是将所有数据放在一个大仓库内，这样就增加了速度并提高了灵活性。

MySQL 所使用的 SQL 语言是用于访问数据库的最常用标准化语言。MySQL 软件采用了双授权政策，分为社区版和商业版，由于其体积小、速度快、总体拥有成本低，尤其是开放源码这一特点，一般中小型网站的开发都选择 MySQL 作为网站数据库。

但是有很多时候数据是海量的，并且是每执行一条命令就需要存储一下数据库，这样的情况下就不能手动操作数据库了，比如用爬虫去爬数据，爬下来的数据都需要保存到数据库，但是数据是非常巨大的，并不可能手动操作数据库，这种情况下就需要用 Python 连接数据库，每爬取一条数据就要保存到数据库一次。

7.1 数据库 SQL 语言基础知识

7.1.1 登录 MySQL 数据库软件

在运行窗口输入 CMD 进入仿 DOS 窗口，然后输入 mysql -u root -proot 命令进入 MySQL 数据库环境。其中-u 后面是用户名，-p 后面是密码。

7.1.2 创建数据库 SQL 代码格式

要想将数据存储到数据库的表中，首先要创建一个数据库。创建数据库就是在数据库系统中划分一块存储数据的空间。在 MySQL 中，创建数据库的基本语法格式如下所示：

```
create  DATABASE 数据库名称;
```

在上述语法格式中，create DATABASE 是固定的 SQL 语句，专门用来创建数据库。"数据库名称"是唯一的，不可重复出现。

例 7.1 创建数据库。

以下命令简单地演示了创建数据库的过程，数据名为 stu：

```
[root@host]# mysql -u root -p
Enter password: ******          #登录后进入终端
mysql>create DATABASE stu;
mysql>show DATABASES;
```

sql 命令运行结果如图 7.1 所示。可以看到数据库 stu 创建成功。

图 7.1 创建数据库

7.1.3 创建数据表 SQL 代码格式

数据库创建成功后，就需要创建数据表。所谓创建数据表指的是在已存在的数据库中建立新表。需要注意的是，在操作数据表之前，应该使用"USE 数据库名"指定操作是在哪个数据库中进行，否则会抛出 No database selected 错误。创建数据表的基本语法格式如下所示：

```
CREATE TABLE 表名
(
字段名 1,数据类型[完整性约束条件],
字段名 2,数据类型[完整性约束条件],
……
字段名 3,数据类型[完整性约束条件],
)
```

在上述语法格式中，"表名"指的是创建的数据表名称，"字段名"指的是数据表的列名，"完整性约束条件"指的是字段的某些特殊约束条件。

例 7.2 创建数据表。

以下 SQL 语句将在 stu 数据库中创建数据表 stu1：

```
mysql>use stu;
Database changed
mysql>CREATE TABLE IF NOT EXISTS 'stu1'(
    id int primary key,
    name char(8) not null,
```

```
    age int(2) not null,
    sex char(2) not null
)ENGINE = InnoDB DEFAULT CHARSET = utf8;
Query OK, 0 rows affected(0.01 sec)
mysql>show tables;
```

运行结果如图 7.2 所示。

```
mysql> show tables;
| Tables_in_stu |
| stu1          |
1 row in set (0.00 sec)
```

图 7.2 创建数据表

7.1.4 添加数据 SQL 代码格式

要想操作数据表中的数据,首先要保证数据表中存在数据。MySQL 使用 INSERT 语句向数据表中添加数据。通常情况下,向数据表中添加的新纪录应该包含表的所有字段,即为该表中的所有字段添加数据,具体语法格式如下所示:

```
INSERT INTO TABLES(字段名 1,字段名 2,…) VALUES(字段名 1,字段名 2,…);
```

在上述语法格式中,"字段名 1.字段名 2,…"表示数据表中的字段名称,此处必须列出表中所有字段的名称;"值 1,值 2,…"表示每个字段的值,每个值的顺序、类型必须与对应的字段相匹配。

例 7.3 添加数据。

以下实例中将向 stu 表插入三条数据:

```
root@host# mysql -u root -p password;
Enter password: *******
mysql>use stu;
Database changed
mysql>INSERT INTO stu1
    ->(id,name,age,sex)
    ->VALUES
    ->(20170103,'wangbing',18,'F');
Query OK, 1 rows affected, 1 warnings (0.01 sec)
mysql>INSERT INTO stu1
    ->(id,name,age,sex)
    ->VALUES
    ->(20170103,'liuqiang',19,'M');
Query OK, 1 rows affected, 1 warnings (0.01 sec)
mysql>select * from stu1;
```

结果显示如图 7.3 所示。

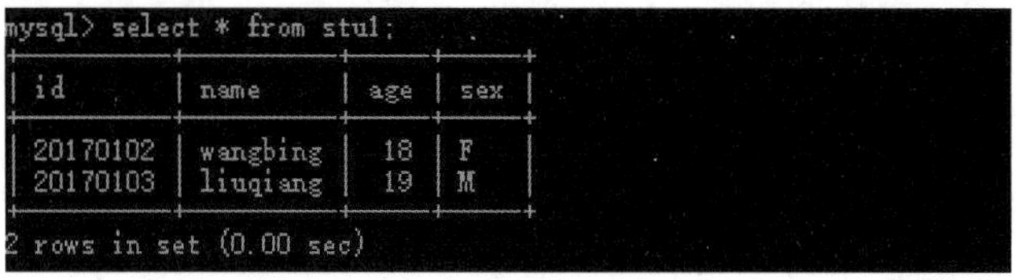

图 7.3 添加数据

7.2 数据库操作

7.2.1 连接数据库

连接数据库需要用到 PyMySQL 这个库,使用 pip install pymysql 安装或者是在 PyCharm 中安装。

PyMySQL 简介:是一个使用 Python 连接到 MySQL 的库,是一个纯 Python 编写的库。

环境要求:

Python 2.7

Python 3.4 或更高版本

连接数据库需要以下步骤:

```python
#1、导包
import pymysql
# 2、创建链接
coon = pymysql.connect( #connect 有好多参数远不止下边的六个
    host = 'localhost',      #host 指的是地址,其中 localhost 是本机的意思
    user = 'root',           #user 是指用户
    password = '123456',     #password 是密码
    port = 3306,             #port 是端口号,MySQL 为 3306
    db = 'stu',              #db 即 database 指的是要连接的数据库
    charset = 'utf8'         #编码
)
# 3、建立游标  可以控制当前语句执行到哪里
cur = coon.cursor()
#4、编写 MySQL 语句并执行
cur.execute("select * from stu1")
#5、输出结果
res = cur.fetchall()         #获取结果
print(res)
#6、关闭连接
cur.close()                  #关闭游标
coon.close()                 #关闭连接
```

例 7.4 验证数据库是否连接成功。

创建并连接 stu 数据库,并在数据库连接完成后打印出"连接成功"。

```
importpymysql
coon = pymysql.connect(
host = 'localhost',user = 'root',passwd = '123456',
  port = 3306, db = 'stu', charset = 'utf8'
)
cur = coon.cursor()          # 建立游标
print('连接成功')
cur.close()                  # 关闭游标
coon.close()                 # 关闭连接
```

运行结果如图 7.4 所示。

```
D:\jon\anaconda\envs\PythonProject\python.exe F:\PythonProject\demo3.py
连接成功
Process finished with exit code 0
```

图 7.4 运行结果

7.2.2 执行 SQL 语句

Execute()方法用来执行 SQL 语句,SQL 语句必须以字符串的形式。

Fetchall()方法用来获取结果,以便于打印出结果。

例 7.5 连接 stu 数据库,创建 stu 表,并查看表结构,在创建完成表后打印"创建成功"。

```
import pymysql
coon = pymysql.connect(
    host = 'localhost', user = 'root', passwd = '123456',
    port = 3306, db = 'stu', charset = 'utf8'
)
cur = coon.cursor()          # 建立游标
cur.execute("create table stu (id int primary key,name char(8) not null,age int(2)
          not null,sex char(2) not null)")
print('创建成功')
cur.execute("desc stu")
res = cur.fetchall()         # 获取结果
print(res)
cur.close()                  # 关闭游标
coon.close()                 # 关闭连接
```

运行结果如图 7.5 所示。

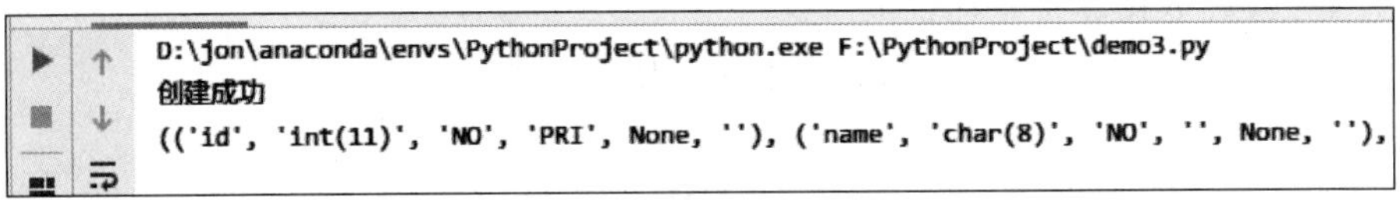

```
D:\jon\anaconda\envs\PythonProject\python.exe F:\PythonProject\demo3.py
创建成功
(('id', 'int(11)', 'NO', 'PRI', None, ''), ('name', 'char(8)', 'NO', '', None, ''),
```

图 7.5　运行结果

7.2.3　插入数据

commit 命令用于把事务所做的修改保存到数据库,在插入数据或修改数据时需要用 commit 保存数据。

例 7.6　连接 stu 数据库,并将数据插入 stu 表,并查询 stu 表中的所有信息,查询完毕后打印"查询完毕",数据如下。

(20170102,'wangbing',18,'F'),
(20170103,'liuqiang',19,'M'),
(20170104,'litao',20,'M'),
(20170105,'liuhua',18,'F');

```python
import pymysql

coon = pymysql.connect(
    host = 'localhost', user = 'root', passwd = '123456',
    port = 3306, db = 'stu', charset = 'utf8'
)
cur = coon.cursor()              # 建立游标
    cur.execute("insert into stu
        values(20170102,'wangbing',18,'F'),(20170103,'liuqiang',19,'M'),
        (20170104,'litao',20,'M'),(20170105,'liuhua',18,'F');")
coon.commit()
cur.execute("select * from stu")
res = cur.fetchall()             # 获取结果
print(res)
cur.close()                      # 关闭游标
coon.close()                     # 关闭连接
print('查询完毕')
```

代码结果显示如图 7.6 所示。

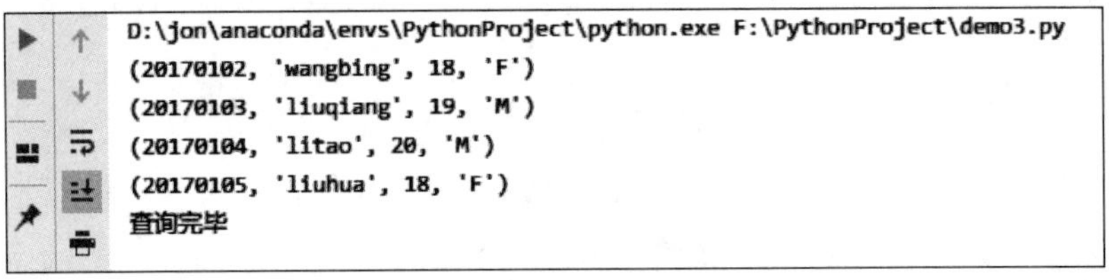

```
D:\jon\anaconda\envs\PythonProject\python.exe F:\PythonProject\demo3.py
(20170102, 'wangbing', 18, 'F')
(20170103, 'liuqiang', 19, 'M')
(20170104, 'litao', 20, 'M')
(20170105, 'liuhua', 18, 'F')
查询完毕
```

图 7.6　运行结果

7.2.4 修改数据

例 7.7 连接 stu 数据库,将 stu 表中的 Liuhua 的年龄改为 19,并查看表中所有信息,查询完毕输出"查询完毕"。

```python
import pymysql
coon = pymysql.connect(host = 'localhost', user = 'root', passwd = '123456', port = 3306,
                        db = 'stu', charset = 'utf8')
cur = coon.cursor()                      # 建立游标
cur.execute("update stu set age = 19 where name = 'liuhua'")
coon.commit()
cur.execute("select * from stu")
res = cur.fetchall()                     # 获取结果
print(res)
cur.close()                              # 关闭游标
coon.close()                             # 关闭连接
print('查询完毕')
```

代码运行结果如图 7.7 所示。

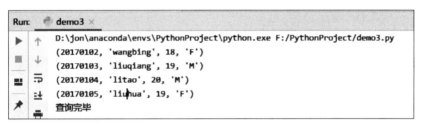

图 7.7 运行结果

7.2.5 删除数据

例 7.8 连接 stu 数据库,删除 stu 表中 sex 为 F 的数据,并查询所有信息,查询完毕打印"查询完毕"。

```python
import pymysql
coon = pymysql.connect(
    host = 'localhost', user = 'root', passwd = '123456',
    port = 3306, db = 'stu', charset = 'utf8'
)
cur = coon.cursor()                      # 建立游标
cur.execute("delete from  stu  where sex = 'F'")
coon.commit()
cur.execute("select * from stu")
res = cur.fetchall()                     # 获取结果
print(res)
cur.close()                              # 关闭游标
```

```
coon.close()                    # 关闭连接
print('查询完毕')
```

代码结果如图 7.8 所示。

```
D:\jon\anaconda\envs\PythonProject\python.exe F:\PythonProject\demo3.py
(20170102, 'wangbing', 18, 'F')
(20170103, 'liuqiang', 19, 'M')
(20170104, 'litao', 20, 'M')
(20170105, 'liuhua', 19, 'F')
查询完毕
```

图 7.8　运行结果

三、项目实现

本项目实现了在 MySQL 里创建学生信息数据库 stu，使用 Python 语言连接 stu 数据库。并使用 Python 语句创建学生表 stu1，在学生表 stu1 中插入四条数据，查看 stu1 表的全部信息，将 stu1 表中的 liuhua 的年龄改为 19 并查询，删除 stu1 表中 sex 为 F 的信息并查询等操作。具体代码如下。

```python
import pymysql
coon = pymysql.connect(host = 'localhost', user = 'root', passwd = '123456',
                port = 3306, db = 'stu', charset = 'utf8')
cur = coon.cursor()                    # 建立游标
cur.execute("create table stu1 (id int primary key,name char(8) not null,age int(2) not
                    null,sex char(2) not null)")
cur.execute("insert into stu1
            values(20170102,'wangbing',18,'F'),(20170103,'liuqiang',19,'M'),(20170
            104,'litao',20,'M'),(20170105,'liuhua',18,'F');")
coon.commit()
cur.execute("select * from stu1")
res = cur.fetchall()                   #获取结果
print(res)
cur.execute("update stu1 set age = 19 where name = 'liuhua'")
coon.commit()
cur.execute("select * from stu1")
res = cur.fetchall()                   #获取结果
print(res)
cur.execute("delete from  stu1  where sex = 'F'")
coon.commit()
cur.execute("select * from stu1")
res = cur.fetchall()                   #获取结果
print(res)
cur.close()                            # 关闭游标
    coon.close()                       # 关闭连接
```

运行结果如图 7.9 所示。

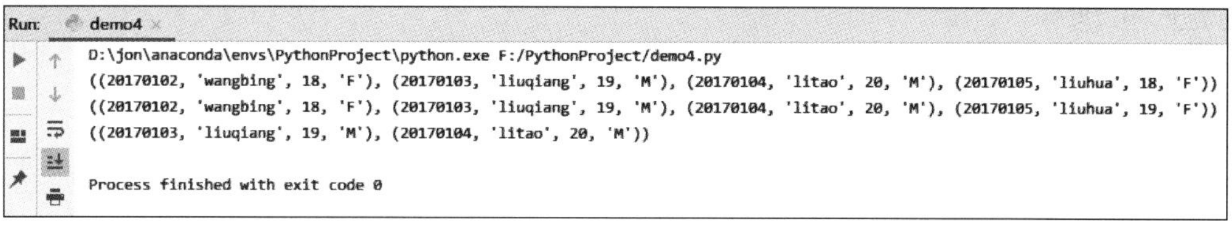

```
D:\jon\anaconda\envs\PythonProject\python.exe F:/PythonProject/demo4.py
((20170102, 'wangbing', 18, 'F'), (20170103, 'liuqiang', 19, 'M'), (20170104, 'litao', 20, 'M'), (20170105, 'liuhua', 18, 'F'))
((20170102, 'wangbing', 18, 'F'), (20170103, 'liuqiang', 19, 'M'), (20170104, 'litao', 20, 'M'), (20170105, 'liuhua', 19, 'F'))
((20170103, 'liuqiang', 19, 'M'), (20170104, 'litao', 20, 'M'))

Process finished with exit code 0
```

图 7.9　运行结果

四、项目总结

本项目主要运用 Python 连接数据库进行数据库操作，重点在于连接数据库时所需要的知识，MySQL 基础，以及 commit()、execute()、fetchall() 等方法的使用。

五、项目拓展

（1）使用 Python 连接 stu 数据库，创建 stu2 表，表结构如表 7.2 所示，并导入数据，数据如下。

表 7.2　数据表

列名	数据类型	约束
id	int	主键
stu_id	int	不可为空
course	varchar(20)	不可为空
score	int(3)	

(2,20170102,'数据库',80),
(3,20170103,'数据库',82),
(4,20170104,'数据库',67),
(5,20170105,'数据库',90),
(6,20170102,'C语言',87),
(7,20170102,'C语言',80),
(8,20170103,'C语言',75),
(9,20170104,'C语言',67),
(10,20170105,'C语言',92);

（2）查询 stu2 表中的所有信息。

（3）结合 stu1 与 stu2 查看学生的姓名、课程名及相应成绩。

课后习题

1. 选择题

(1) 以下能够删除一列的是(　　)。

A. alter table emp remove addcolumn

B. alter table emp drop column addcolumn

C. alter table emp delete column addcolumn

D. alter table emp delete addcolumn

(2) 用于将事务处理写到数据库的命令是(　　)。

A. insert　　　　　　　　　　B. rollback

C. commit　　　　　　　　　 D. savepoint

(3) 向数据表中插入一条记录用以下哪一项(　　)。

A. CREATE　　　　　　　　　B. INSERT

C. SAVE　　　　　　　　　　D. UPDATE

(4) 删除数据表用以下哪一项(　　)。

A. DROP　　　　　　　　　　B. UPDATE

C. DELETE　　　　　　　　　D. DELETED

(5) 查找数据表中的记录用以下哪一项(　　)。

A. ALTRE　　　　　　　　　 B. UPDATE

C. SELECT　　　　　　　　　D. DELETE

(6) 在 MySQL 中，建立数据库用(　　)。

A. CREATE TABLE 命令　　　　B. CREATE TRIGGER 命令

C. CREATE INDEX 命令　　　　D. CREATE DATABASE 命令

(7) 一张表的主键个数为(　　)。

A. 至多 3 个　　　　　　　　 B. 没有限制

C. 至多 1 个　　　　　　　　 D. 至多 2 个

(8) 更新数据表中的记录用以下哪一项(　　)。

A. DELETE　　　　　　　　　B. ALTRE

C. UPDATE　　　　　　　　　D. SELECT

(9) 删除数据表中的一条记录用以下哪一项(　　)。

A. DELETED　　　　　　　　 B. DELETE

C. DROP　　　　　　　　　　D. UPDATE

(10) 可以取出全部的数据，并返回一个结果集的是以下哪一项(　　)。

A. fetchall()　　　　　　　　　B. fetchmany()

C. fetchone()　　　　　　　　 D. execute()

2．判断题

（1）一张表的主键个数至多 2 个。（　　）

（2）insert into 表名（字段名 1）　value（字段名 1 对应的值）是正确的 insert 语句。（　　）

（3）show table；语句可以显示所有表。（　　）

（4）一个数据库可以建立多张数据表。（　　）

（5）在 MySQL 中，对于存放在服务器上的数据库，用户可以通过任何客户端进行访问。（　　）

（6）结束游标使用时，必须关闭游标。（　　）

（7）MySQL 是一种关系数据库管理系统。（　　）

（8）连接完数据库不必获取游标，就可以进行执行、提交等操作。（　　）

（9）PyMySQL 中所有的有关更新数据（insert，update，delete）的操作都需要 commit，否则无法将数据提交到数据库。（　　）

（10）varchar 是数值类型。（　　）

（11）varchar 属于固定长度的字符类型。（　　）

3．填空题

（1）删除表命令是_____。

（2）创建数据表的命令语句是_____。

（3）一张表的主键个数为_____。

（4）MySQL 数据库的默认端口是_____。

（5）连接完数据库并获得 connection 连接对象，获取游标的执行代码是_____。

（6）PyMySQL 的 Cursor 类可以批量执行 SQL 语句的方法是_____。

（7）Python 查询 MySQL 使用方法_____获取单条数据，使用方法_____获取多条数据。

（8）事务应该具有 4 个属性：_____、_____、_____、_____，这四个属性通常称为 ACID 特性。

（9）MySQL 支持的数据类型有_____、_____、_____。

（10）命令_____用于把事务所做的修改保存到数据库。

4．简答题

（1）创建一张学生表，表名 stu，包含以下信息：学号、姓名（8 位字符）、年龄、性别（4 位字符）、家庭住址（50 位字符）、联系电话。

（2）对于 connection＝pymysql.connect(host＝'localhost'，user＝'user'，password＝'passwd'，db＝'db'，charset＝'utf8'，port＝'port')语句，简单解释 host、user、password、dB、charset、port 等参数的含义。

（3）为什么事务非正常结束时会影响数据库数据的正确性？

（4）试述事务的概念及事务的四个特性？

（5）关系型数据库与非关系型数据库的特性及各自的优缺点。

项目 8 综合实训——爬虫

一、项目分析

(一) 项目描述

利用 Python 爬虫的技术从豆瓣电影 Top250 页面得到排行、电影名称、评分、简介等字段数据;使用 PyMySQL 第三方库将字段数据保存到 MySQL 数据库。

(二) 项目目标

- 掌握爬虫基本流程。
- 能够使用 Requests 模块获取网页数据。
- 掌握 HTML 源码分析并提取有用数据的方法。
- 掌握 HTTP 工作原理。
- 能够使用 PyMySQL 模块进行数据库操作。

(三) 项目难点

重点:
- 请求头的处理。
- 分析网页结构。
- 提取数据代码的构成。
- 用 Python 连接数据库。

难点:
- 网页请求。
- 分析网页结构。
- PyMySQL 开放 API 的封装。

二、知识加油站

网络爬虫(又称为网页蜘蛛,网络机器人,在 FOAF 社区中间,常称为网页追逐者),是一种按照一定的规则,自动抓取万维网信息的程序或者脚本。另外一些不常使用的名字还有蚂蚁、自动索引、模拟程序或者蠕虫。

8.1 HTTP 协议

超文本传输协议(HyperText Transfer Protocol,HTTP)是一种发布和接收 HTML 页面的方法。HTTPS(Hypertext Transfer Protocol over Secure Socket Layer)简单讲是 HTTP 的安全版,在 HTTP 下加入安全套接层(Secure Sockets Layer,SSL)。SSL 主要用于 Web 的安全传输协议,在传输层对网络连接进行加密,保障在 Internet 上数据传输的安全。HTTP 的端口号为 80,HTTPS 的端口号为 443。

8.1.1 HTTP 的请求与响应

HTTP 通信由两部分组成:客户端请求消息,服务器响应消息,如图 8.1 所示。

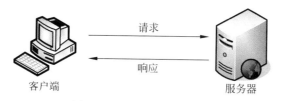

图 8.1 HTTP 通信示意图

浏览器发送 HTTP 请求的过程如下:

(1) 当用户在浏览器的地址栏中输入一个 URL 并按回车键之后,浏览器会向 HTTP 服务器发送 HTTP 请求。HTTP 请求主要分为 Get 和 Post 两种方法。

(2) 当我们在浏览器输入 URL http://www.baidu.com 的时候,浏览器发送一个 Request 请求去获取 http://www.baidu.com 的 HTML 文件,服务器把 Response 文件对象发送回给浏览器。

(3) 浏览器分析 Response 中的 HTML,发现其中引用了很多其他文件,比如图像文件、CSS 文件、JS 文件。浏览器会自动再次发送 Request 去获取图片、CSS 文件或者 JS 文件。

(4) 当所有的文件都下载成功后,网页会根据 HTML 语法结构完整显示。在运行窗口输入 CMD 进入仿 DOS 窗口,然后输入 mysql -u root -p root 命令进入 MySQL 数据库环境。其中-u 后面是用户名,-p 后面是密码。

8.1.2 URL

统一资源定位符(Uniform/Universal Resource Locator,URL):用于完整地描述 Internet 上网页和其他资源的地址的一种标识方法。

基本格式:scheme://host[:port#]/path/…/[? query-string][#anchor]

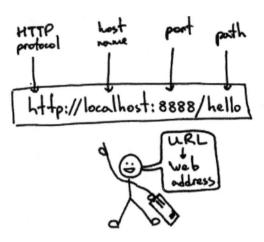

图 8.2　URL 标识图

scheme：协议(例如：HTTP、HTTPS、FTP)。
host：服务器的 IP 地址或者域名。
port#：服务器的端口(如果是走协议默认端口,则为 80)。
path：访问资源的路径。
query-string：参数,发送给 HTTP 服务器的数据。
anchor：锚(跳转到网页的指定锚点位置)。

例如：

ftp://192.168.0.116:8080/index

http://www.baidu.com

http://item.jd.com/11936238.html#product-detail

8.1.3　客户端 HTTP 请求

URL 只是标识资源的位置,而 HTTP 是用来提交和获取资源。客户端发送一个 HTTP 请求到服务器的请求消息,包括格式：请求行、请求头部、空行、请求数据等四个部分组成,图 8.3 给出了请求报文的一般格式。

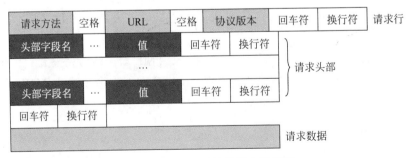

图 8.3　HTTP 请求报文示例图

一个典型的 HTTP 请求示例。

```
GET https://www.baidu.com/ HTTP/1.1
    Host: www.baidu.com
    Connection: keep-alive
    Upgrade-Insecure-Requests: 1
    User-Agent: Mozilla/5.0 (Windows NT 10.0; Win64; x64) AppleWebKit/537.36 (KHTML, like
    Gecko) Chrome/54.0.2840.99 Safari/537.36
    Accept: text/html,application/xhtml+xml,application/xml;q=0.9,image/webp,*/*;q=0.8
    Referer: http://www.baidu.com/
    Accept-Encoding: gzip, deflate, sdch, br
    Accept-Language: zh-CN,zh;q=0.8,en;q=0.6
    Cookie: BAIDUID = 04E4001F34EA74AD4601512DD3C41A7B:FG = 1;
    BIDUPSID = 04E4001F34EA74AD4601512DD3C41A7B; PSTM = 1470329258; MCITY = -343%3A340%3A;
    BDUSS = nFOMVFiMTVLcUh-Q2MxQOM3STZGQUZ4N2hBa1FFRkIzUDI3QlBCZjg5cFdOd1pZQVFBQUFBJCQAAA
    AAAAAAAEAAADpLvgGOKGyvLrcyfrG-AAAAAAAAAAAAAAAAAAAAAAAAAAAAAAAAAAAAAAAAAAAAA
    AAAAAAAAAAAAAAAAAFaq3ldWqt5XN;
    H_PS_PSSID = 1447_18240_21105_21386_21454_21409_21554; BD_UPN = 12314753; sug = 3;
    sugstore = 0; ORIGIN = 0; bdime = 0;
    H_PS_645EC = 7e2ad3QHl181NSPbFbd7PRUCE1LlufzxrcFmwYin0E6b%2BW8bbTMKHZbDP0g; BDSVRTM = 0
```

上述代码中 User-Agent 是识别浏览器的一串字符串，相当于浏览器的身份证，在利用爬虫爬取网站数据时，频繁更换 User-Agent 可以避免触发相应的反爬机制。第三方库 fake-useragent 对频繁更换 User-Agent 提供了很好的支持，可谓防反爬利器。

8.1.4 服务端 HTTP 响应

HTTP 响应也由 4 个部分组成，分别是：状态行、消息报头、空行、响应正文。响应状态代码有 3 位数字组成，第一个数字定义了响应的类别，且有 5 种可能取值。常见状态码如下：

100~199：表示服务器成功接收部分请求，要求客户端继续提交其余请求才能完成整个处理过程。

200~299：表示服务器成功接收请求并已完成整个处理过程。常用 200（OK 请求成功）。

300~399：为完成请求，客户需进一步细化请求。例如，请求的资源已经移动一个新地址、常用 302（所请求的页面已经临时转移至新的 url）、307 和 304（使用缓存资源）。

400~499：客户端的请求有错误，常用 404（服务器无法找到被请求的页面）、403（服务器拒绝访问，权限不够）。

500~599：服务器端出现错误，常用 500（请求未完成。服务器遇到不可预知的情况）。

要想操作数据表中的数据，首先要保证数据表中存在数据。MySQL 使用 INSERT 语句向数据表中添加数据。通常情况下，向数据表中添加的新记录应该包含表的所有字段，即为该表中的所有字段添加数据，具体语法格式如下所示：

```
INSERT INTO TABLES(字段名1,字段名2,…) VALUES(字段名1,字段名2,…);
```

在上述语法格式中，"字段名1,字段名2,…"表示数据表中的字段名称，此处必须列出表中所有字段的名称;"值1,值2,…"表示每个字段的值,每个值的顺序、类型必须与对应的字段相匹配。

8.1.5　项目依赖包

Requests 模块用来获取目标网页文本,BeautifulSoup 模块用来获取 HTML 中特定标签内容,fake_useragent. UserAgent 类提供 random 方法可以随机生成合法的 User-Agent,作为请求头一部分请求网页,以避免网页请求失败。PyMySQL 是当前目录的一个文件,其中定义一个类。用来二次封装 PyMySQL 开放的操作 MySQL 数据库的接口,实现对数据库的读写。具体代码如下:

```
import requests
from bs4 import BeautifulSoup
from fake_useragent import UserAgent
import myMysql
ua = UserAgent()
user_agent = ua.random
```

8.2　爬取与解析网站数据

8.2.1　爬取页面

定义函数 request_douban(),目标 url 作为参数,headers 作为请求头,将自动生成的 user_agent 添加到 headers 作为反爬机制。调用 requests 类 get 方法获取请求 url 返回的响应内容,通过 response.status_code 获取响应代码,若为 200,表示成功响应,通过 response.status_code 获取响应的 HTML 正文,作为函数返回值。

下面通过代码演示实现爬取页面的 HTML 文本的具体过程。

例 8.1　爬取目标页面的 HTML 文本到本地。

```
def request_douban(url):
    headers = {
        'user-agent': user_agent
    }
    try:
        response = requests.get(url, headers = headers)
        if response.status_code == 200:
            return response.text
    except requests.RequestException:
        return None
if __name__ == "__main__":
    url = 'https://movie.douban.com/top250'
    print(request_douban(url))
```

将 https://movie.douban.com/top250 作为函数参数传递到 request_douban() 函数中并且调用函数打印返回值的部分结果显示如图 8.4 所示。

图 8.4　部分运行结果

8.2.2　目标网页分析

首先打开目标链接 https://movie.douban.com/top250，可以看到如图 8.5 所示的网页。

图 8.5　豆瓣电影 Top250 页面展示

每一页显示 25 条数据，当单击"下一页"时，链接请求参数变成了 https://movie.douban.com/top250?start=25&filter=。我们可以明确下一页就是从第 25 条数据开始加载的。所以，可以使用这个 start=25 来做变量，实现翻页获取信息。再来看下需要的主要信息：电影名称、电影排名、电影评分、电影作者、电影简介，如图 8.6 所示。

可以使用 BeautifulSoup 超简单获取对应我们想要获取的电影信息。主要思路，请求豆瓣的链接获取网页源代码，然后使用 BeatifulSoup 拿到我们要的内容，最后将数据存储到 MySQL 中。

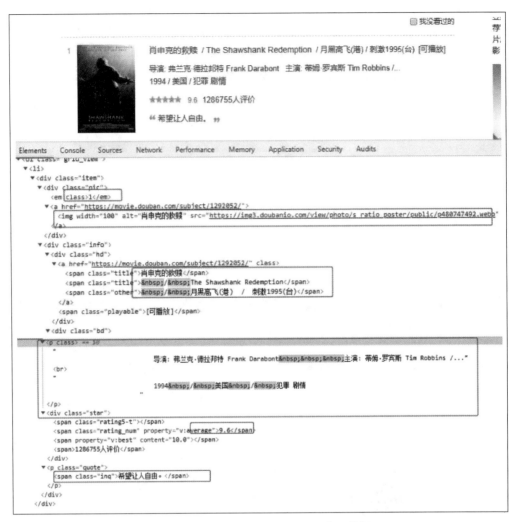

图 8.6 豆瓣 Top250 电影 HTML 代码分析

8.2.3 BeautifulSoup 解析 HTML 提取目标数据

BeautifulSoup 是一个能从 HTML 或 XML 文件中提取数据的 Python 库。它能通过自己定义的解析器来提供导航、搜索，甚至改变解析树。它的出现，会大大节省开发者的时间。

定义函数 getResult()，BeautifulSoup 对象作为参数，首先获取所有类选择器为 grid_view 的 li 标签，每个电影对应的 Tag 对象作为列表的元素保存到 html 变量，定义空列表 result 用来存储希望得到的电影信息，包括排名、电影名、评分、简介等。遍历 html 变量，使用 BeautifulSoup 相关方法，结合 html 分析获取前述电影信息，即 item_index、item_name、item_score、item_intr，将四个包含电影信息的字符串存储在元组 item 中，最后将 item 插入列表 result 暂时存储，result 最终作为函数返回值。

例 8.2　BeautifulSoup 使用。

```
def getResult(soup):
    html = soup.find(class_ = 'grid_view').find_all('li')
    result = []
    for item in html:
        item_name = item.find(class_ = 'title').string          #电影名
        item_img = item.find('a').find('img').get('src')        #封面
        item_index = item.find(class_ = '').string              #排名
        item_score = item.find(class_ = 'rating_num').string    #得分
        item_author = item.find('p').text                       # 导演
        if (item.find(class_ = 'inq') != None):                 #简介
            item_intr = item.find(class_ = 'inq').string
        item = (item_index, item_name, item_score, item_intr)
        result.append(item)
    return result
if __name__ == "__main__":
    url = 'https://movie.douban.com/top250'
    html = request_douban(url)
    soup = BeautifulSoup(html, 'lxml')
    result = getResult(soup)
    print(result)
```

代码运行显示部分结果如图 8.7 所示。

```
Run:    spider_douban ×
        D:\jon\anaconda\python.exe F:/PythonProject/spider_douban.py
        [('1', '肖申克的救赎', '9.7', '希望让人自由. '), ('2', '霸王别姬', '9.6', '风华绝代. '),
```

图 8.7　提取目标数据

8.2.4　获取全部页面数据并存储到数据库

定义 onePage() 函数，整形 page 作为参数，当变量 page＝0，url 代表首页，包含 top25 电影信息，当 page＝1，url 代表排名 26～50 的电影信息页面，以此类推。调用 request_douban(url) 获取对应页面 html 正文，然后 html 作为参数，实例化 BeautifulSoup 类生成对象 soup，调用 getResult(soup) 函数，将一个页面中包含的 25 个电影分别对应的四个电影信息作为返回值保存到列表 result，当 page＝0 时，result[0] 的值如下所示：

('1', '肖申克的救赎', '9.7', '希望让人自由. ')

例 8.3　获取全部页面数据。

```
def onePage(page):
    url = 'https://movie.douban.com/top250?start = ' + str(page * 25) + '&filter = '
    html = request_douban(url)
    soup = BeautifulSoup(html, 'lxml')
```

```python
        result = getResult(soup)
        return result
def allPage():
    result = []
    for i in range(0,10):
        result = result + onePage(i)
    return result
```

循环 10 次,i 取 0～9,10 个整数,作为变量传递到 onePage()函数。最终空列表 result 存储了 10 个页面共 250 个电影的电影信息。

定义 saveToMysql()函数,列表 result 作为参数,该函数实现了 250 条电影信息保存到数据表 douban.movie 中,DBHelper()是在 myMysql 文件中自定义的数据库操作类,PyMySQL 开放接口 execute 实现 SQL 语句,开放 executemany 接口实现多条数据插入数据表。

在 myMysql 文件中运用第 7 章 PyMySQL 操作 MySQL 数据库相关知识,定义 DBHelper 类,并对一些数据库常用操作进行了封装,构造函数 __init__()初始化主机名 host,用户名 user,密码 pwd,端口 port,数据库 db 等连接数据库的相关变量,并调用 createDatabse()方法实现对名为 douban 的数据库的创建。连接数据库方法为 connectDatabase(),向数据库插入数据的方法为 execute()。向数据库插入多条数据的方法 executemany()方法与上述方法基本类似,只是调用的 self.cur.executemany()方法有所不同,兹不赘述。最后定义析构方法 __del__()实现资源释放。

```python
if __name__ == "__main__":
    result = allPage()
    saveToMysql(result)
```

最终项目主函数,调用 allPage()函数,返回所有电影信息暂存到 result 列表,调用 saveToMysql()函数实现电影信息存储到数据库。

三、项目实现

本项目利用 Python 爬虫的技术使用 requests 模块获取网页数据,通过解析 HTML 源码提取有用数据,从豆瓣电影 Top250 页面得到排行、电影名称、评分、简介等字段数据;使用 PyMySQL 第三方库将字段数据保存到 MySQL 数据库。

主文件,运行该文件实现项目预期爬虫效果,具体内容如下:

```python
import requests
from bs4 import BeautifulSoup
from fake_useragent import UserAgent
import myMysql

ua = UserAgent()
user_agent = ua.random
```

```python
def request_douban(url):
    headers = {
        'user-agent': user_agent
    }
    try:
        response = requests.get(url, headers=headers)
        if response.status_code == 200:
            return response.text
    except requests.RequestException:
        return None

def getResult(soup):
    html = soup.find(class_ = 'grid_view').find_all('li')

    result = []
    for item in html:
        item_name = item.find(class_ = 'title').string  # 电影名
        item_img = item.find('a').find('img').get('src')  # 封面
        item_index = item.find(class_ = '').string  # 排名
        item_score = item.find(class_ = 'rating_num').string  # 得分
        item_author = item.find('p').text  # 导演
        if (item.find(class_ = 'inq') != None):  # 简介
            item_intr = item.find(class_ = 'inq').string
        item = (item_index, item_name, item_score, item_intr)
        result.append(item)
    return result

def onePage(page):
    url = 'https://movie.douban.com/top250?start=' + str(page * 25) + '&filter='
    html = request_douban(url)
    soup = BeautifulSoup(html, 'lxml')
    result = getResult(soup)
    return result

def allPage():
    result = []
    for i in range(0,10):
        result = result + onePage(i)
    return result
def saveToMysql(result):
    dbhelper = myMysql.DBHelper()
    # 创建数据库的表
    sql = """drop table if EXISTS movie"""
    dbhelper.execute(sql, None)
    sql = """create table if not EXISTS movie(
        id int(11) NOT NULL AUTO_INCREMENT,
        ranking char(8) NOT NULL ,
```

```
                name char(50) NOT NULL,
                score char(8) NOT NULL,
                intr char(200) NOT NULL,
                PRIMARY KEY (id))"""
    dbhelper.execute(sql, None)
    # 插入数据
    sql = """INSERT INTO movie(ranking,name, score, intr)VALUES ( %s,%s,%s,%s)"""
    dbhelper.executemany(sql,result)
if __name__ == "__main__":
    result = allPage()
    saveToMysql(result)
```

myMysql.py 文件封装了对 MySQL 数据库的操作,对外开放了创建数据库、数据表、插入数据的接口,具体内容如下:

```
# -!- coding: utf-8 -!-
import pymysql
class DBHelper:
    # 构造函数
    def __init__(self, host = 'localhost', user = 'root',
                 pwd = 'root',port = 3306,db = 'douban'):
        self.host = host
        self.user = user
        self.pwd = pwd
        self.port = port
        self.db = db
        self.conn = None
        self.cur = None
        self.createDatabase() # 创建名为 douban 的数据库

    # 创建数据库
    def createDatabase(self):
        try:
            self.conn = pymysql.connect(host = self.host, user = self.user,
                                         passwd = self.pwd, port = self.port, )
            self.cur = self.conn.cursor()
            sql = "drop database if exists douban"
            self.cur.execute(sql)
            create_database_sql = 'CREATE DATABASE IF NOT EXISTS douban DEFAULT CHARSET utf8 COLLATE utf8_general_ci;'
            self.cur.execute(create_database_sql)
        except Exception as e:
            print(e)
            print("connectDatabase failed")
            return False
        return True

    # 连接数据库
    def connectDatabase(self):
```

```python
        try:
            self.conn = pymysql.connect(host = self.host, user = self.user,
                        passwd = self.pwd, port = self.port,db = self.db, charset = 'utf8')
        except Exception as e:
            print(e)
            print("connectDatabase failed")
            return False
        self.cur = self.conn.cursor()
        return True
    # 关闭数据库
    def __del__(self):
        # 如果数据打开,则关闭;否则没有操作
        if self.conn and self.cur:
            self.cur.close()
            self.conn.close()
        # print("关闭")
        return True


    # 执行数据库的sql语句,用来插入多条数据操作
    def executemany(self, sql, params = None):
        # 连接数据库
        self.connectDatabase()
        try:
            if self.conn and self.cur:
                # 正常逻辑,执行sql,提交操作
                self.cur.executemany(sql, params)
                self.conn.commit()
        except Exception as e:
            print(e)
            print("execute failed: " + sql)
            return False
        return True

    # 执行数据库的sq语句,主要用来做插入操作
    def execute(self, sql, params = None):
          # 连接数据库
        self.connectDatabase()
        try:
            if self.conn and self.cur:
                # 正常逻辑,执行sql,提交操作
                self.cur.execute(sql, params)
                self.conn.commit()
        except Exception as e:
            print(e)
            print("execute failed: " + sql)
            return False
        return True

    # 用来查询表数据
    def fetchall(self, sql, params = None):
```

```
                self.execute(sql, params)
                return self.cur.fetchall()
if __name__ == '__main__':
    dbhelper = DBHelper()
```

通过navicat等可视化工具可以在MySQL数据库中查看数据信息,如图8.8所示。

id	ranking	name	score	intr
1	1	肖申克的救赎	9.7	希望让人自由。
2	2	霸王别姬	9.6	风华绝代。
3	3	阿甘正传	9.5	一部美国近现代史。
4	4	这个杀手不太冷	9.4	怪蜀黍和小萝莉不得不说的
5	5	美丽人生	9.5	最美的谎言。
6	6	泰坦尼克号	9.4	失去的才是永恒的。
7	7	千与千寻	9.4	最好的宫崎骏,最好的久石
8	8	辛德勒的名单	9.5	拯救一个人,就是拯救整个
9	9	盗梦空间	9.3	诺兰给了我们一场无法盗取
10	10	忠犬八公的故事	9.4	永远都不能忘记你所爱的人
11	11	海上钢琴师	9.3	每个人都要走一条自己坚定
12	12	楚门的世界	9.3	如果再也不能见到你,祝你
13	13	三傻大闹宝莱坞	9.2	英俊版憨豆,高情商版谢耳
14	14	机器人总动员	9.3	小瓦力,大人生。
15	15	放牛班的春天	9.3	天籁一般的童声,是最接近

图8.8 数据库显示效果

四、项目总结

本项目运用了HTTP相关理论知识,结合Requests、BeautifulSoup、fake_useragent、PyMySQL等依赖库,实现了爬取豆瓣Top250电影相关的排名、电影名、评分、简介等信息,并将电影信息存储到MySQL数据库实现数据持久化,后期可以对持久化数据进行数据展示作为本项目的拓展内容。

五、项目拓展

(1) 获取豆瓣Top250电影对应的封面图片保存到数据库。

(2) 运用本项目所学知识,实现爬取当当网Top500本五星好评书籍信息并保存到数据库。

课后习题

1. 选择题

(1) 以下不属于反爬机制的是(　　)。

A. UA检测　　　　B. JS混淆　　　　C. 参数加密　　　　D. 拦截请求

(2) 以下不属于数据清洗内容的是(　　)。
A. 清洗空值　　　　B. 清洗重复值　　　C. 清洗异常值　　　D. 清洗特征值
(3) 以下不属于常见的数据解析方式的是(　　)。
A. Requests　　　　B. re　　　　　　　C. lxml　　　　　　D. bs4
(4) 大数据时代,数据使用的关键是(　　)。
A. 数据收集　　　　B. 数据存储　　　　C. 数据分析　　　　D. 数据再利用
(5) 以下 HTTP 响应码中表示服务器成功接收请求的是(　　)。
A. 100　　　　　　　B. 200　　　　　　　C. 300　　　　　　　D. 400
(6) 以下模块用来获取目标网页文本的是(　　)。
A. Requests　　　　B. bs4　　　　　　　C. fake_useragent　　D. PyMySQL
(7) 以下模块用来获取 HTML 中特定标签内容的是(　　)。
A. Requests　　　　B. bs4　　　　　　　C. fake_useragent　　D. PyMySQL
(8) HTML 是什么意思(　　)。
A. 高级文本语言　　　　　　　　　　　B. 超文本标记语言
C. 扩展标记语言　　　　　　　　　　　D. 图形化标记语言
(9) 通常情况下,一个 URL 的格式是(　　)。
A. 协议//路径名称主机:端口/♯哈希标识？搜索条件
B. 协议//主机:端口/♯哈希标识/路径名称？搜索条件
C. 协议//主机:端口/路径名称？搜索条件
D. 协议//主机:端口？搜索条件/路径名称♯哈希标识
(10) 下列关于 get 和 post 描述正确的是(　　)。
A. post 方法传递的数据对客户端是不可见的
B. get 请求信息以查询字符串的形式发送,查询字符串长度没有大小限制
C. post 方法对发送数据的数量限制在 255 个字符之内
D. get 方法传递的数据对客户端是不可见的

2．判断题

(1) User-Agent 属于 HTTP 请求头的内容。
(2) urllib 不可以伪装 User-Agent 字符串。
(3) HTML 是高级文本语言。
(4) get 请求信息以查询字符串的形式发送,查询字符串长度没有大小限制。
(5) post 方法对发送数据的数量限制在 255 个字符之内。
(6) get 方法传递的数据对客户端是不可见的。
(7) bs4 模块用来获取 HTML 中特定标签内容。
(8) HTTP 响应码 250 表示服务器成功接收请求。
(9) Requests 模块可以用来获取目标网页文本。
(10) User Agent 标准格式为：浏览器标识 (操作系统标识；加密等级标识；浏览器语言) 渲染引擎标识 版本信息。

3. 填空题

（1）HTTP 响应码 _____ 表示服务器成功接收请求。

（2）get 方法对发送数据的数量限制在 _____ 个字符之内。

（3）HTTP 响应也由四部分组成，分别是：_____、_____、_____、_____。

（4）HTTP 协议中文全称 _____。

（5）HTTP 通信由两部分组成：_____、_____。

（6）URL 中文全称 _____。

（7）MySQL 中创建数据表 movie 的 SQL 语句是 _____。

（8）Python 语言中类的析构函数是 _____。

（9）大数据时代，数据使用的关键是 _____。

（10）调用 Requests 类 _____ 方法可以获取请求 URL 返回的响应内容。

4. 简答题

（1）简述 User-Agent？

（2）HTTP 请求中 get 和 post 区别？

（3）列举爬虫用到的网络数据包，解析包？

（4）HTTP 协议，请求由什么组成，每个字段分别有什么用？

（5）HTTPS 有什么优点和缺点？

（6）什么是 URL？

参 考 文 献

[1] 钱雪忠. Python 语言实用教程[M]. 北京：机械工业出版社，2018.
[2] 嵩天，礼欣，黄天羽. Python 语言程序设计基础[M]. 2 版. 北京：高等教育出版社，2017.
[3] 零壹快学. 零基础 Python 从入门到精通[M]. 广州：广东人民出版社，2019.
[4] Eric Matthes. Python 编程——从入门到实践[M]. 袁国忠，译. 北京：人民邮电出版社，2016.
[5] 殷丽爽. Python 项目开发实例集锦[M]. 长春：吉林大学出版社，2019.
[6] Mark Lutz. Python 学习手册[M]. 秦鹤，林明，译. 北京：机械工业出版社，2018.
[7] 明日科技. Python 从入门到精通[M]. 北京：清华大学出版社，2018.
[8] 何明. 从零开始学 Python[M]. 北京：水利水电出版社，2019.
[9] 吴晶晶. 零基础 Python 编程入门与实践[M]. 北京：化学工业出版社，2020.
[10] 赵广辉. Python 语言及其应用[M]. 北京：中国铁道出版社，2019.
[11] 明日科技. Python 编程入门指南[M]. 北京：电子工业出版社，2019.
[12] 罗伯特·莱顿. Python 数据挖掘入门与实践[M]. 2 版. 杜春晓，译. 北京：人民邮电出版社，2020.
[13] 崔庆才. Python 3 网络爬虫开发实战[M]. 北京：人民邮电出版社，2018.
[14] 李兴华. Python 从入门到项目实战[M]. 北京：水利水电出版社，2020.
[15] 左利鑫. 青少年 Python 编程入门[M]. 北京：人民邮电出版社，2020.
[16] 薛卫国，薛卫民，等. 实战 Python 设计模式：可复用面向对象软件开发实践[M]. 北京：电子工业出版社，2020.
[17] Luciano Ramalho. 流畅的 Python[M]. 安道，吴珂，译. 北京：人民邮电出版社，2017.
[18] Alex，武沛齐，王战山，等. Python 编程基础[M]. 北京：人民邮电出版社，2020.
[19] 编程猫教材与出版中心. 玩着也能学 Python[M]. 北京：北京航空航天大学出版社，2019.
[20] 罗攀，蒋仟. 从零开始学 Python 网络爬虫[M]. 北京：机械工业出版社，2018.
[21] 张若愚. Python 科学计算[M]. 北京：清华大学出版社，2016.

图书资源支持

感谢您一直以来对清华大学出版社图书的支持和爱护。为了配合本书的使用，本书提供配套的资源，有需求的读者请扫描下方的"书圈"微信公众号二维码，在图书专区下载，也可以拨打电话或发送电子邮件咨询。

如果您在使用本书的过程中遇到了什么问题，或者有相关图书出版计划，也请您发邮件告诉我们，以便我们更好地为您服务。

我们的联系方式：

地　　址：北京市海淀区双清路学研大厦 A 座 714

邮　　编：100084

电　　话：010-83470236　010-83470237

资源下载：http://www.tup.com.cn

客服邮箱：tupjsj@vip.163.com

QQ：2301891038（请写明您的单位和姓名）

用微信扫一扫右边的二维码,即可关注清华大学出版社公众号。

教学资源·教学样书·新书信息

人工智能科学与技术
人工智能|电子通信|自动控制

资料下载·样书申请

书圈